U0164933

Science Everywhere

PHILOSOPHER'S STONE

化学的文化密码

缪煜清——著

上海科技教育出版社

对本书的评价

◇

本书作者致力把化学和人文、科学和语言巧妙地融合在一起，时而结合化学讲文化，时而结合文化讲化学，时而结合语言讲化学，时而结合化学讲语言，各种典故信手拈来，各种故事妙趣横生，各种分析引人入胜。

——涂善东，

中国工程院院士，中国化工学会会士

◇

本书深入语言文字的内核，打破汉语、英语、化学词汇、专有名词之间的界限，带领读者感受其中的哲学、思想、文化甚至情感。作者将中国传统文化的精髓和现代科学的精神融会贯通，将科学研究与人文道德紧密关联，以美育人，以文化人。

——唐本忠，

中国科学院院士，香港中文大学(深圳)理工学院院长

◇

世界上古文明对我们今天的化学学科有哪些贡献？中国博大精深的哲学思想、文化传承、文学小说等和化学的发展又有怎么样的关联？缪煜清教授在《化学的文化密码》中对这些问题进行了深度挖掘，给出了详细的阐述。作者历史、文学和化学功底深厚，著作语言通俗生动，让人读起来欲罢不能，一口气看完才呼过瘾。这本书不管是对化学的初学者，还是对专业化学工作者，都会有非常好的启示。

——游书力，

中国科学院院士，中国科学院上海有机化学研究所研究员

◇

读缪煜清教授科普新著《化学的文化密码》，喜不自禁，填《浪淘沙令》词一首，以示祝贺：

化学呈神奇，仔细剖析。探根溯源问披靡。解字说文寻本意，成果欢怡。

思考奠新基，独辟径蹊。学科融会去藩篱。妙趣横生科普作，滋润心脾。

——苏青，

中国青少年科技教育工作者协会副理事长

内容提要

化学并非枯燥无味的知识体系，它是丰富的、有趣的、有情的、有血有肉的。它并非孤立于这个世界，而是深深植根于整个科学和知识体系，植根于人类文明发展的大地，表现宇宙万物丰富多彩的自然景象，容纳人类社会千姿百态的文化内涵。化学蕴含着丰富的人文精神、思想和故事等，它们看起来千变万化，实则彼此关联。书中既讲到了美索不达米亚、古埃及等文明对古代化学认知与实践的贡献，也挖掘出中国古代哲学思想及传统文化中与化学相关的智慧和结晶。

本书从宏观的视野认知世界和科学的整体性，适合化学工作者或科学、哲学爱好者探究科学与人文哲理的融通魅力，打破学科壁垒，融通百科真知！本书也适合作为中学生、大学生或研究生的参考书，能激发学生对化学、科学、哲学甚至语言学习的兴趣，有助于形成学科关联的思想，感受探究式学习的快乐。

作者简介

缪煜清，上海理工大学教授、中国科普作家协会会员、上海市科普作家协会理事、《中国化学快报》(*Chinese Chemical Letters*)编委。以“国家需求、人民健康”为理念，创建了铋科学研究中心，围绕铋及关键金属在健康医学领域的应用开展研究。在 *Chem. Rev.*、*ACS Appl. Mater. Interf.*、*Nanoscale* 等期刊发表SCI论文若干。研究化学史、科技史、语言文字等方面的内容，出版《沪江大学化学史》《化学专业英语》《巧妙学单词》等作品。

序

在农耕文明时代,人类识字并不是必需的,而在工业文明时代,人类若不识字则几乎是不能生存的,因此早期的启蒙教育更多的是识字教育。然而,在科学昌明、技术高度发展的今天,一般的文化普及已远不能满足科技创新的需要,因此需要开展高水平的科学与技术普及活动,这也是我国实现高质量发展的重要基础。我国科技工作者自当责无旁贷、积极投身到以全民科学技术素养提升为目的的新启蒙运动中。

化学作为人类认识自然、创造新物质、探索新应用的基础学科,对整个人类社会的发展起着不可替代的重要作用,它既是科学又是人类文明的结晶。用通俗生动的语言将化学知识传播给社会公众,对激发公众特别是青少年科学探索和发明创造的热忱具有十分重要的意义。

本书作者致力把化学和人文、科学和语言巧妙地融合在一起,时而结合化学讲文化,时而结合文化讲化学,时而结合语言讲化学,时而结合化学讲语言,各种典故信手拈来,各种故事妙趣横生,各种分析引人入胜。

本书致力于打破学科壁垒,融通相关学科知识,试图从宏观的视野带领读者认识世界的整体性、科学的整体性。书中既讲到了美索不达米亚、古埃及、古印度、古希腊等文明对化学认知与实践的贡献,也挖掘出中国古代哲学思想和传统文化中与化学相关的智慧结晶。有与无、大与小、聚与散、局部与整体、混沌与虚空、节奏与周期、万物本源与时间空间,古代先贤对这些问题的思考无一不闪烁着智慧的火花,相信这些对今天的科学仍然具有重要的启迪作用。本书还致力打破汉语、英语、化学词汇及专有名词之间的界限,带领读者感受语言背后蕴含的哲学、思想、文化乃至情感。

读一本有趣的书,尽享一场科学与人文的文化盛宴!

是为序。

涂善东

中国工程院院士

中国化工学会会士

2023年10月8日

谨以此书献给:古今中外,那些对世界充满好奇,
对未知充满渴望,并为此昼夜思考、格物求知的先贤!

CONTENTS 目录

目　录

前言　化学呼唤融通式学习

我们学习科学，常常困惑于那些艰深晦涩的词语。拿化学来说，它一直给人枯燥难学的感觉。物质的量、化合价、共价键、共轭酸碱、同位素、同分异构体、高氯酸、偏磷酸、亚硝酸……一个个词语扑面而来，实在让人望而生畏。

其实，化学乃至科学本身，并非枯燥无味的知识体系，而是丰富的、有趣的，甚至可以说是有情的、有血有肉的。它们并非孤立于这个世界，而是深深植根于整个知识体系，植根于人类文明的发展，表现宇宙万物丰富多彩的自然景象，容纳人类社会千姿百态的文化内涵。化学词语本身亦蕴含着丰富的人文精神、思想和故事等。比如，化学元素的名称多与希腊神话或罗马神话相关，化学用语又常和我们熟知的词语同源。它们看起来千变万化，实则彼此关联。化学在翻译和引进中国的过程中，融入了古老的中华智慧，许多化学词语体现了中国古代哲学思想和优秀传统文化。

如果我们能仔细分析这些词语的本义，对照它们所对应的外文词汇来理解，并进一步结合词语本身或相关文化内涵来探究，那么“化学之难”或许会迎刃而解，并且变得妙趣横生！

作为一名大学化学教师、一名科学工作者，笔者深感语言学习的重要性。俗话说，得语言者得天下。诚哉斯言！

语言是一切文化现象的综合,是所有自然、社会或学科的知识汇总,是人类文明的集中体现。所以,语言不仅仅是中文,中文不仅仅是语文,语文也不仅仅是文学。结合汉字与古文、汉语与英语、语文和历史、地理、物理、化学、天文、医学等知识体系的广泛关联,融通百科,体现“大语文”的思想,是探究式学习的精髓。

什么是化学?用科学的语言来说,化学是在分子和原子层面,研究物质的组成、结构、性质及变化规律的自然科学。其目的是探究客观世界、改造物质或创造物质,并造福人类社会。如果用幽默的语言来表达的话,化学研究的是物质之间或者物质各成分之间的“悲欢离合、爱恨情仇”。

“化”字的甲骨文,形状为二人颠倒相转,表示变化、转化、化生,恰好对应化学所研究的物质的变化、转化和新物质的生成。这种对语言文字的分析有助于我们理解科学的本质,学会对事物进行剖析,从而理解自然与社会,获得知识和智慧。

以较难理解的“化学键”为例。汉字“键”表示把两个物体锁定或固定在一起。比如,门闩表示把两扇门闭合在一起。《淮南子・主术训》道:“五寸之键,制开阖之门。”化学键就是把原子结合到一起的作用力。它的英文是chemical bond,其中bond和bind同源,而bi-是“二”的词根,所以bond表示把两个物质结合在一起。有趣的是,单词bond发音和含义近似汉语“绑”,在半导体行业中常表示键合的含义,通常直接音译为“邦定”工艺,即芯片在生产过程中将引脚与线路板连接。

共轭酸碱对也是化学中比较难理解的概念。其主要原因是学生不理解“轭”的含义。轭本义指牛轭,即耕田时把两头牛连在一起的木架子。与之相应,共轭酸碱对就是相差一个质子的一对酸碱,体现彼此相关联的一对事物。共轭的英语是conjugate,其中词根con-表示共同的,-jugate与yoke同源,表示牛轭,衍生为连接、关联等含义。英语和梵语同属印欧语系,在梵语中有一个和英语yoke同源的词叫作yoga,即我们所熟悉的瑜伽，是“梵我合一”的意思，类似中国文化的“天人合一”。

再来比较isotope（同位素）、isoelectric point（等电点）、isomer（同分异构体）、isooctane（异辛烷）等单词，你是否发现了一个有趣的现象？iso-词根有时翻译为“同”，有时翻译为“异”，意思完全相反。这是怎么回事呢？结合语言和化学，仔细分析与思考，其实也不难理解。具有相同质子数、不同中子数，或同一元素的不同核素互为同位素。这里“isotope”强调的彼此之间共同的部分——“具有相同质子数”。异构体指具有相同化学式、不同结构的化合物。这里“isomer”强调的是彼此不同的地方——“结构不同”。对同位素而言，尽管具有不同中子数，但有相同质子数；对异构体而言，尽管具有相同化学式，但有不同结构。老子在《道德经》中言：“故有无相生，难易相成，长短相形，高下相倾，音声相和，前后相随。”说明矛盾的事物彼此依存。用这种方式来理解词语，能让我们获得哲学和思想的感悟。

科学概念与知识也有助于我们对语言的深入学习与理解。比如，青草之青为绿色，青出于蓝为蓝色，青眼相加为黑色。为什么一个“青”字可以有这么多颜色？“青”字的甲骨文字形为，上“木”下“丹”，意思是矿井中所产的一种矿石的颜色同草木之绿色。这种矿石其实是一种含铜的矿石，其色青。由于矿石共生现象的存在，青可以指一系列含铜矿石，空青、扁青、绿青、曾青、大青、石青、碧青、白青、鱼目青、杨梅青、青臒等，因为成分和结构的不同而呈现出从绿到黑的各种颜色，有绿色、青色、蓝色、黑色、深色及其中间过渡色等。此后，扩展到类似颜色的其他颜料或染料上，通过原料、工艺、调配与组合，获得一系列相关颜色，均可称为青。甚至植物初生的鹅黄也可称为青。了解了这些知识，我们对青丝、青眼、青烟、青天、青衣、青布、青牛、青龙、青春、踏青、青青子衿、青云直上、青出于蓝等词语所表达的颜色、含义及其背后的文化内涵，就可以有准确的理解和感知。比如，青龙和青牛，看起来说的都是动物，但表示的颜色完全不同。青龙对应东方、春天、草木，所以对应的是绿色，而青牛则指黑色的牛。在趣味中学习，感受语言与科学的魅力，是不是别有一番风趣？

文理工艺本为一体，世上万物原是一家。《淮南子》有云，“水广者鱼大，山高者木修”，只有大海和天空才能容得下鲲鹏。无论你身处哪个学科或专业，都应该以全学科意识为基础，融通式思考并展开探究。说到全学科意识，我们可以追溯到哲学的含义。哲学的英文philosophy来自古希腊，其中philo-表示爱，-sophy表示智慧，就是爱智慧的意思，也就是说哲学的最初含义是包含自然知识、社会知识的一切知识体系的总称，后来才衍生为除医学、法律、教育、工程、神学之外的所有自然学科。化学、数学和物理等学科的博士学位至今仍被称为Ph. D.（Doctor of Philosophy），也就是哲学博士。

有意思的是，science一词进入中国后，起先被译为“格致”，有时还被翻译为“理学”。这里的“理”本义是顺着玉石的纹理进行切割。但“理”是条理，“文”是条纹，都表示由条纹而衍生出整齐、有序的知识体系的含义。所谓天文地理，并不是说“天”是文科的，“地”是理科的，而是关于天的有序知识体系、关于地的有序知识体系。从文字本身来说，“文”与“理”就是一体的，这个世界是整体的。学科的划分是为了学习和研究方便，而不是设置障碍。正如乘舟渡河，过河之后当弃舟而行。若是负舟前行，岂不是反而成为负担了？

回过头来再说说化学的学习。除了前文提到的，结合语言文字学化学，让枯燥的化学名词变得生动有趣、容易理解，我们还要了解人类文明的发展、古代的哲学思想及传统文化……科学与文化充分互融，才能全面地解读化学的内涵，发现化学对人类文明的贡献，理解化学与其他学科之间的关系，感受科学中的文化，文化中的科学。

科学与艺术的关系也是如此。科学中有艺术，美在其中。通过感受科学中的美，能激发人们对科学、对知识、对智慧的热爱与追求。艺术中也有科学，蕴含丰富的物理、化学、材料学等学科知识。艺术的熏陶能激发人们对科学的灵感，科学的进步也能推动艺术的发展。

化学自然也不例外。它是研究物质组成、结构、性质及其变化的一门科学。云腾致雨，露结为霜，万物相转，体现变化流转之美；晶体宝石，五光十色，千奇百怪，体现颜色外观之美；原子相聚，分子组装，价键相连，体现结构集体之美；层层叠叠，交错有致，先后有序，体现规则韵律之美；显微胶体，纳米成像，芥子须弥，体现微观世界之美；格物致知，废寝忘食，探寻真理，体现求知求真之美；吉金青铜，琳琅陆离，文质章华，体现工匠劳动之美；创造物质，正道规章，福祉众生，体现道德伦理之美……这些内容的美育与文化培养，又何尝不是在激发我们对化学乃至对科学的热爱？学科之间融通、科学与人文融通、科学与艺术融通，才是感受科学之趣、科学之美的关键。

笔者在大学开设“人类文明与化学”等课程，为社会公众提供“中国古代化学思想与实践”“人类早期医学和化学的思想与实践”“科学的语言文化与艺术”“古今中外说通才”“融通古今说科学”“化学哲思、诗乐载道”等讲座，目的亦是让大家亲近化学，喜爱化学。在这些教学及普及工作的不断推进过程中，笔者愈发肯定融通式学习的重要性。正是得益于上述实践的心得，笔者撰写了本书。它更像是一本随笔，笔随心意，对化学词汇、科学术语、语言符号、文化思想等内容的分析与考证自然生发，随形就态，如水似火，或海纳百川，或点燃激情。这是一次有趣的尝试，希望能够助力读者产生关联思维，形成创新意识，从而轻松地享受学习的乐趣。

2023年3月28日

第一篇

古国中西源流长

美索不达米亚的化学

世界文明的摇篮

美索不达米亚是古希腊对位于幼发拉底河与底格里斯河之间两河流域的称谓,地理位置大约相当于今天的伊拉克、伊朗、土耳其、叙利亚和科威特等地。美索不达米亚的希腊语是Mesopotamia,其中meso-表示在……之间,-potamia表示河流。距今6000年前,美索不达米亚已有较为发达的文明,先后出现苏美尔、阿卡德、巴比伦、亚述等文明。公元前2900年前后,美索不达米亚形成成熟的楔形文字。它还拥有最早的青铜器、铁器、灌溉系统、战车、啤酒、医学、数学、天文、学校、图书馆、城市、农业社会等,被誉为人类文明的摇篮。它影响了后来的埃及文明和希腊文明,是犹太人和阿拉伯人的发源地。

两条河流每年的泛滥为下游带来肥沃的土壤,公元前6000年苏美尔人已经会运用灌溉技术,农业的发展带来了人口的增长、协作和文明的诞生。

苏美尔人发明了楔形文字,它是世界上最早的象形文字。4000多年前广为流传的《吉尔伽美什史诗》(*The Epic of Gilgamesh*)是已发现的人类历史上第一部英雄史诗。有观点认为,其中大洪水的章节与圣经里挪亚方舟的故事相关。荷马史诗也深受《吉尔伽美什史诗》的影响。

美索不达米亚的天文知识颇为发达。苏美尔人发明了太阴历,以月亮的阴晴圆缺作为计时标准，把一年划分为12个月，共354天，并发明了闰月。巴比伦人以天蝎座、狮子座、巨蟹座、双子座和天秤座等这些我们沿用至今的星座名称命名十二星座。河北宣化辽代墓葬的穹顶上绘有十二星座图，可见它们最迟在辽代已经传入中国。

对太阳、月亮、金星、木星、水星、火星和土星7个星体的认知，使得苏美尔人形成了对数字7的崇拜。他们率先使用7日为一周的时间单位，后来这种说法通过犹太民族和基督教传到古埃及，又由古埃及传到希腊、罗马，并广泛传播到欧洲以及世界各地。

"星期"之说至少在唐代已经传入中国，周日到周六分别称为日曜日、月曜日、火曜日、水曜日、木曜日、金曜日、土曜日。后来，这种称谓法又进一步传至日本。值得说明的是，中国自古就有七星体的说法。《易·系辞》云："天垂象，见吉凶，圣人象之。此日月五星，有吉凶之象，因其变动为占，七者各自异政，故为七政。"《尚书·舜典》云："在璇玑玉衡，以齐七政。"孔颖达说："知七政谓日月与五星也。木曰岁星，火曰荧惑星，土曰镇星，金曰太白星，水曰辰星。"汉代刘向曰："夫天有七曜，地有五行。"仔细思考可以发现，七星体的思想与中国的阴阳五行颇为相通，太阳和月亮对应中国的阳和阴，金星、木星、水星、火星、土星则对应中国的五行。

源于美索不达米亚七星体与星期的对应关系，后来进一步和希腊神话、罗马神话以及北欧神话产生了关联和对应：

Monday 星期一，月曜日，对应月亮和月亮女神 Luna，mon-来自 moon；

Tuesday 星期二，火曜日，对应火星和北欧战神 Tyr，tue-也就是 two；

Wednesday 星期三，水曜日，对应水星和日耳曼主神 Woden；

Thursday 星期四，木曜日，对应木星和北欧雷神 Thor；

Friday 星期五，金曜日，对应金星和北欧爱与美女神 Frigg；

Saturday 星期六，土曜日，对应土星和罗马神话农神 Saturn；

Sunday 星期日，日曜日，对应太阳和太阳神 Solis。

公元前2000多年，苏美尔人建造了七级神庙，每一级代表一个天体，从下而上依次为：土星、金星、木星、水星、火星、月亮和太阳。其中，太阳代表最完美的星体。这七级台阶为祭司指引通向神的道路。结合美索不达米亚、古埃及对天文星体的认知和对炼金术技术的掌握，在犹太民族和阿拉伯人的传承与发扬下，在古希腊和古罗马神话、文化以及思想的影响下，西方炼金术的理论和技术得到了飞速发展（表1.1）。炼金术士将星体、星期、金属、炼金术步骤等进行了紧密的关联，这对近现代化学的形成产生了重要影响，也成为欧美文化中深层的“内核”。

表1.1　七星体及其所代表的文化

	土星	金星	木星	水星	火星	月亮	太阳
希腊神话	克洛诺斯	阿佛洛狄忒	宙斯	赫尔墨斯	阿瑞斯	阿尔忒弥斯	阿波罗
罗马神话	萨图恩	维纳斯	朱庇特	墨丘利	马尔斯	狄安娜	阿波罗
符号	♄	♀	♃	☿	♂	☽	☉
金属	铅	铜	锡	汞	铁	银	金
炼金术	煅烧	结合	溶解	发酵	分离	蒸馏	凝固
	溶解	腐化	煅烧	蒸馏	升华	凝结	染色
星期	星期六	星期五	星期四	星期三	星期二	星期一	星期日

炼金术士常常采用隐秘的语言来讲述他们的思想。图1.1包含水、火、土、气四元素的思想，也包含太阳、月亮、大地三要素的理论。7个尖锐的峰形代表了七星体，上面标记了数字和各自的符号。但是这些数字却暗藏机关，实际上并非按照画面上从1到7的顺序，而是按照七级神庙中七星体自下而上及其所对应的星期的顺序：土星（星期六）、金星（星期五）、木星（星期四）、水星（星期三）、火星（星期二）、月亮（星期一）和太阳（星期日）。

图 1.1　炼金术的哲学思想(The Azoth of the Philosopher, by Basil Valentine)

第 1 个从 ♄ 开始,对应星期六,符号是农神的镰刀,意味着铅、贱金属和土星,表示炼金术的第一步——煅烧或者杀死贱金属。左边的乌鸦和头骨都意味着死亡。

第 2 个对应数字 5,也就是在第 1 个基础上逆时针越过两个尖角。符号 ♀ 对应着星期五、金星、铜以及爱与美的女神,意味着结合和生命,所以旁边用两只鸟来表示结合、婚姻、生命与新物质的生成。

第 3 个对应数字 2,也就是在第 2 个基础上逆时针越过两个尖角。符号 ♃ 对应着星期四、木星、锡和雷神,意味着雨水和溶解,所以旁边用一只鸟和它在水面的倒影表示。

第 4 个对应数字 6,也就是在第 3 个基础上逆时针越过两个尖角。符号 ☿ 对应着星期三、水星、汞和神的信使,意味着挥发和速度,象征着发酵和蒸馏,因此对应白色的独角马,代表提纯的物质。

第 5 个对应数字 3,也就是在第 4 个基础上逆时针越过两个尖角。

符号♂对应着星期二、火星、铁和战神，用铁的锋利来象征炼金过程的分离或升华，用两只捕食即将飞离的鸟表示。

第6个对应数字7，也就是在第5个基础上逆时针越过两个尖角。符号☽对应着星期一、月亮、银和月神，用月夜的露水来象征炼金术过程的蒸馏和凝结；旁边裸体的小人象征着凝结、纯净和新物质的产生。

第7个对应数字4，也就是在第6个基础上逆时针越过两个尖角。符号☉对应着星期日、太阳、金和太阳神，是最完美的金属或状态，表示炼金术步骤的最后一步——凝固或染色，用两只抬起王冠的鸟来象征最终的成功。

总体而言，当时的两河流域金属冶炼技术已经比较发达，可以用来制作雕像、锯子、锤子、钉子、镯子、铲子、剑、釜、刀、长矛、箭、头盔、盔甲等。

据巴比伦时期的一份文件记载，用“灰吹法”处理2.5千克的金锭，两次加热后最终得到的纯金只剩下约1.5千克。可见，炼金术士掌握了黄金的提纯技术。两河流域出土了很多精美的黄金器物，特别是一种叫作“来通”的酒具颇为奇特。这种酒具器形多样，有狮子、牛、羊、鹿、羚羊等物种的兽角形、兽首形、兽身形，甚至还有人首形。材质除黄金外，还有陶器、青铜、白银、象牙、玻璃等。来通分布的范围极广，从西亚到中国普遍存在。陕西何家村出土的唐代窖藏中就有一个玛瑙质地的来通，状如俯卧的羚羊或牛头。

公元前1595年前后，赫梯帝国消灭了古巴比伦王国。赫梯人是世界上最早冶炼和使用铁器的民族。他们严格控制加工技术，不许外传。帝国的铁制兵器配合战车使用，使得当时强大的埃及也为之胆寒。一直到公元前1180年前后赫梯亡国之后，铁匠才散落各地，冶铁技术得以扩散。

一般认为,玻璃制作工艺源于公元前2500年前的美索不达米亚。美索不达米亚人用石头和植物灰烬来制造玻璃,通过加入铜矿石得到一种蓝色玻璃。公元前17世纪的一块泥板被认为是世界上最早的化学文献,它记载了一种铜铅釉药的配方:铅、铜、硝酸钾和石灰之间的比例为600:100:150:5。当比例变成60:10:14:1时,就制成了著名的阿卡德铜。

两河流域人很早就已经知道石油的伴生矿物沥青,用它来粘接砖头以建造房屋,粘接、镶嵌和塑型以制作工艺品,甚至用于船只的防水、防腐涂料和治病药物。

值得一提的是,约公元前6000年时,苏美尔人就已熟练掌握了酿酒技术。他们使用复式发酵法,把大麦、小麦、黑麦制成啤酒。最早的面包也在此诞生。

除此之外,美索不达米亚对医疗与健康的认知也较为丰富。比如,他们认为,人体是个小宇宙,与大宇宙相应;人体生理与天体运行对应,星体运行与人的吉凶祸福和疾病健康有关。这种自然现象能够影响人体生理变化的观点与中国传统医学中"比类取象""天人合一"的思想极为相似。他们还描述了热病、卒中、黄疸病、心脏病、痢疾、肿瘤、脓肿、血吸虫病、风湿病、肺炎、眼病、耳病、皮肤病及性病等疾病,认为肝脏是血液的中心,并且记载了大麻、甘草、罂粟、曼陀罗、肉桂、阿魏、芫荽、没药、大蒜、莨菪,以及硝石、明矾、铜盐、铁、动物脏器等几百种药物。

那时,人们已把药剂分为外敷膏剂、外搽洗剂、内服酊剂、丸剂、散剂、吸剂、栓剂、泥腌剂、混合剂、灌肠剂和熏蒸消毒剂,并在药瓶上贴标签,写明用法、用量、注意事项和医嘱。人们还用葡萄酒处理伤口,并掌握了按摩、冷敷、热敷、灌肠和绷带包扎等治疗方法,具有预防传染病的卫生观念。

《汉穆拉比法典》(*The Code of Hammurabi*)是世界上现存的第一部

比较完备的成文法典，是古巴比伦国王汉穆拉比大约在公元前1776年颁布的法律汇编。这部法典涉及医生和兽医、疾病与治疗、报酬与纠纷等诸多和医药相关的内容。这表明当时医生已是一种职业，并有了内、外科医生的分工，人们已经掌握了较为复杂和精细的外科手术。毋庸置疑，美索不达米亚的医学发展与其对化学的认知及发展密切相关。

古埃及文明中的化学

神庙是知识和技艺的宝库

古埃及文明历史悠久，大约5150年前南北埃及完成统一，建立了世界上第一个大一统国家，一直延续到公元前30年罗马征服埃及托勒密王朝，长达3000年之久。古埃及人拥有复杂的宗教神话体系，他们修建神庙与金字塔、制作木乃伊与奢侈品、发展灌溉与农业。在此过程中，他们掌握了复杂的天文、数学、建筑、冶金、化学与材料等知识，特别是在制陶、玻璃、冶金、酿酒、医药、染料、香水以及木乃伊等方面掌握的相关化学知识，为人类留下了丰厚的技艺和文化遗产。

公元前332年，亚历山大大帝（Alexander the Great）征服埃及后，建设了海港城市亚历山大里亚，大灯塔照亮了来往的船只。在随后的数百年里，这座城市繁荣发展，成为地中海沿岸贸易、经济、文化和学术的中心。很多犹太人定居在此。它是当时世界上最大的犹太人城市。大批的希腊学者涌入，使其成为重要的古希腊文化中心。古埃及、犹太民族、古希腊以及后来的古罗马，他们的物资、技艺、宗教、文化、学术在这里碰撞、融合。在神庙基础上发展起来的博物院、图书馆和学术研究中心，某种程度类似于现代的科学院或者大学。亚历山大里亚也是当时的炼金术活动中心，公元前3世纪到前2世纪，著名的炼金术士犹太女子玛丽亚（Maria）发明了分馏器、坩埚、水浴器等仪器及技术，被誉为西方炼金术的奠基人之一，以至于后来化学上所用的坩埚被称为玛丽亚坩埚。

说到古埃及,就不能不提木乃伊。它作为一种特殊的“史料”,见证了古埃及的历史和文化,与此同时亦蕴含了丰富的化学知识。

古埃及人用椰子酒、香料、天然小苏打等清洗尸体,然后再在尸体内填入没药、桂皮、锯末、泡碱、小苏打等香料、药剂和其他填充物。这样既可以脱水干燥,又能够杀菌防腐。碳酸钠、碳酸氢钠、盐和硫化钠的混合物有很好的干燥作用。他们在尸体面部和身体上涂抹松脂、柏油、香料、蜂蜡、牛奶、葡萄酒等混合物,最后用白色亚麻布将其包裹,防止皮肤腐烂,保持身体的形状。木乃伊头发上所使用的发胶来自动物或植物的油脂,它们起到装饰和定型的作用。

科学家利用气相色谱法、质谱分析法等技术,证实了木乃伊使用了动物油脂、松柏科植物树脂、芳香植物提取物、蜡和植物胶或糖胶,很多成分具有一定的抗菌作用。

元代陶宗仪著有《南村辍耕录》一书,它或许是我国对木乃伊最早的记载。书中提到,在阿拉伯地区,有七八十岁的老人自愿舍身济众,他们不再吃饭、喝水,每天洗澡、吃蜜,等到大小便都变成蜜之后,人也死了。然后他们被浸泡在蜜液中,百年之后成为蜜剂或蜜人,作为药物用于跌打损伤,疗效颇为神奇。这种传说曾经也盛行于文艺复兴时期的欧洲。

有意思的是,制作木乃伊需要使用大量的香水、香精、香料。这些物料也是法老或贵族日常所需的生活用品。据说,埃及艳后克娄巴特拉七世(Cleopatra Ⅶ)甚至用香水和香精来洗澡。埃及的神庙遗址中,至今还保留着古代的香精实验室。墙上的象形文字和浮雕记载了各种香精的配方。提取香水、香精,也意味着当时人们已掌握高超的蒸馏工艺。昂贵的香水需要精致的容器,玻璃工艺也随之得到发展。

公元10世纪的阿拉伯学者说:“埃及的神庙由不同形状的房间组

成，里面有专门的地方用来碾磨、溶解、凝结和蒸馏，神庙就是为炼金术而建立的。"的确如此，埃及神庙不仅是祭祀的场所，也是炼金术中心，还是建筑、测量、数学、天文、医学等诸多技艺的中心。

古埃及神庙或墓葬中有着丰富多彩的壁画，涉及众多的矿石颜料。当时人们甚至还利用化学反应人工合成颜料。著名的埃及蓝就是由石英砂、碳酸钙、铜矿石以及碱在高温下产生的，其主要成分为$CaCuSi_4O_{10}$，是一种钙铜硅酸盐。其反应方程式如下：

$$Cu_2CO_3(OH)_2 + 8SiO_2 + 2CaCO_3 \xlongequal{\text{高温}} 2CaCuSi_4O_{10} + 3CO_2 + H_2O$$

蓝色或紫色对古代许多民族而言都是一种高贵的颜料或染料。与埃及蓝相似，秦始皇兵马俑使用了一种蓝紫色的人工颜料，这种颜料被称为"中国紫"。据研究，其主要成分是硅酸铜钡（$BaCuSi_2O_6$），推测是将石青、石绿、重晶石、石英等矿石混合，在1000多摄氏度的高温下反应制得。科学家发现，这种材料也是一种具有吸附性的颜料，其主要成分甚至还具有神奇的超导性质。

在神庙的图书馆里，炼金术的"秘密"与天文学、占星术、医学、巫术的知识一同被保存下来。

传说，炼金术源于古埃及，由文字之神图特（Thoth）传授给人类。在希腊神话中，赫尔墨斯（Hermes）作为神的信使，代表智慧和速度，是商业、医疗和炼金术的守护神。在罗马神话中，对应的则是墨丘利（Mercury），这个词也表示水银和水星，因为神的信使、水银的挥发性都代表了速度；作为离太阳最近的行星，水星的运转速度也是最快的。传说，赫耳墨斯是埃及的一名法老，他的父亲是图特，儿子是塔特，三人合为一体，将炼金术的知识雕刻在一块翠玉上。它是世界上最早的炼金术"典籍"，被称为"翠玉录"：

当我走进洞穴，我看到了一块翠玉，上面写着字，那是赫尔墨斯用手书写的。从那里我发现了以下文字：

1. 真实不虚,永不说谎,必然带来真实。

2. 下如同上,上如同下;依此成全太一的奇迹。

3. 万物本是太一,借由分化从太一创造出来。

4. 太阳为父,月亮为母,从风孕育,从地养护。

5. 世间一切完美之源就在此处;其能力在地上最为完全。

6. 分土于火,萃精于糙,谨慎行之。

7. 从地升天,又从天而降,获得其上、其下之能力。

8. 如此可得世界的荣耀,远离黑暗蒙昧。

9. 此为万力之力,摧坚拔韧。

10. 世界即如此创造,依此可达奇迹。

11. 我被称为三重伟大的赫尔墨斯,因我拥有世界三部分的智慧。

12. 这就是我所说的伟大工作。

其中,"万物本是太一,借由分化从太一创造出来"说的便是世界的本源。许多民族对世界的本源都有关于"一"的认知,即一个起源、一个基本单元、一个整体、一个规则等含义。就像中国文化中所说的"道""太极""太一""元""天""气""玄"等。老子认为,"道生一,一生二,二生三,三生万物"。西方炼金术士也曾假借克娄巴特拉之口说,"一即一切,一构成一切,一中有一切,若一不含一切,则一亦是无"。亚历山大里亚时期的炼金术士犹太女子玛丽亚说,"一而二,二而三,三而一,四为一,故二为一"。

不仅如此,"翠玉录"中的内容还体现了当时人们的诸多思考,这与中国传统文化不谋而合。比如,"太阳为父,月亮为母,从风孕育,从地养护",这与中国哲学的阴阳理论何其相似!

又如,燃烧木材得到灰烬,所以说"分土于火";精华出自粗糙,所以说"萃精于糙"。矛盾的事物彼此依存,正如《道德经》所说,"重为轻根,静为躁君”,“故有无相生、难易相成、长短相形、高下相倾、音声相和、前后相随”。

再如,“从地升天,又从天而降,获得其上、其下之能力”说的是宇宙中普遍存在的事物变化与循环的规律,正如中国文化所说的“云腾致雨,露结为霜”,以云、雨、霜为例,说明气、液、固之间的转换以及万物循环周始的规则。

在埃及人眼中,法老就是神的代言人,有着与神相比拟的“法力”。化学中有一个非常有趣的实验,被称为“法老之蛇”。因其原料被点燃后蜿蜒伸展,宛如巨蛇扭动身躯,故得此名。其主要反应如下所示:

$$2Hg(SCN)_2 = 2HgS + CS_2 + C_3N_4$$

$$CS_2 + 3O_2 = CO_2 + 2SO_2$$

$$2C_3N_4 = 3(CN)_2\uparrow + N_2\uparrow$$

硫氰酸汞受热分解,部分产物燃烧并生成气体,从而短时间内体积膨胀。

另一个“法老之蛇”的化学版本则是重铬酸铵的受热分解反应:

$$(NH_4)_2Cr_2O_7 = Cr_2O_3 + N_2\uparrow + 4H_2O$$

其现象与硫氰酸汞受热分解反应相同。

在古埃及神话故事中,天空之神荷鲁斯(Horus)在与杀父仇人塞特(Set)搏斗过程中,左眼被塞特伤害、夺走。后来在月亮之神的帮助下,荷鲁斯打败了塞特,夺回了左眼。于是,“荷鲁斯之眼”就成为辟邪、辨别善恶、捍卫健康与幸福的标志,成为古埃及人最常用的护身符。“荷鲁斯之眼”甚至在医生的处方笺中被保留了下来。人们以此表示向荷鲁斯之神的祈祷,请求其给予他们治疗的力量。莱登纸草书中有一段对荷鲁斯之神的祷文:“向您致意,荷鲁斯!……我求助于您,赞美您的美,求您除掉我肢体中的恶魔。”在拉丁语中“R”为拉丁文Receptum、Recipere或Recipe的缩写,表示“有求必应、领受、约定”,后来演变引申为“照方抓药”。

神庙里设有医学校，祭司往往也是技艺高明的医生。相传古埃及第三王朝左塞王的宰相、大祭司伊姆霍特普（Imhotep）就是一位著名的医者。他善于配制舒缓性药剂（用于治疗关节炎、痛风等疾病），死后被人们尊为“健康之神”。病人们到纪念他的庙宇里朝拜，相信他能够为人们解除病痛、使不育妇女受孕。

莎草纸文书是研究古埃及的重要史料，不少文书记录了古埃及医疗相关信息，比较著名的有《埃伯斯纸草文》《卡珲纸草文》《柏林纸草文》《史密斯纸草文》《伦敦纸草文》和《赫斯特纸草文》等，记载了诸多病例、症状与治疗方案。大约公元前1552年的《埃伯斯纸草文》涉及内科、外科、妇科、儿科、眼科、皮肤科及卫生防疫等，记录了250种疾病、700余种药、877个方剂，其中方剂包括片剂、丸剂、粉剂、煎剂、膏剂、栓剂及糊剂等剂型。公元前21至前16世纪的《史密斯纸草文》记录了48个外科病例，主要涉及伤口、损伤、一般创伤的处理方式和手术。每例均按检查、诊断、治疗和预后顺序记录。该纸草文记录的病例中有最早对颅缝、脑膜和脑脊液的记录，还有古埃及人将特定部位的损伤与身体各部分的知觉丧失、麻痹、失禁和四肢瘫痪联系起来的记述，以及缝合、切除、止血、钻孔、骨折和错位的处理等手术技艺。

古埃及的医学教育较为发达，特别是埃及的希腊化时期，许多希腊人、犹太人、腓尼基人和波斯人来此学习受业，对世界文明及医药学的发展做出了巨大贡献。古罗马最著名的医学大师盖仑（Claudius Galenus）就曾来到当时埃及的医学中心亚历山大利亚学习解剖学和外科操作，结交当时最杰出的医学人物，由此获得丰富的解剖学和医药学知识。

古埃及人在尼罗河岸生存繁衍，其生活和生产离不开尼罗河的养育。尼罗河泛滥对其农业生产具有重要的影响。每年尼罗河泛滥后，古埃及人都要重新丈量和划定土地，建造金字塔和神庙等。这些活动又都极大地促进了埃及数学知识的发展。

古埃及人需要根据天象来确定季节。在此基础上,他们形成了丰富的天文知识,创立了人类历史上最早的太阳历,成为今天世界通用公历的原始基础。

知识、技艺与神话、神庙融合在一起,建造或制作神庙、金字塔、木乃伊、壁画等活动共同推动着他们的知识和技艺水平不断精进。

古希腊哲学及其化学

问世界何为本源

古希腊哲学是现代科学及哲学的主要思想来源和理论基础，特别是对世界本源或基本组成的探知，对西方炼金术、近代化学，乃至科学的发生与发展，具有重要影响。

泰勒斯(Thales)认为，水是万物的本源，因为“水是最好的”。中国的老子认为，“上善若水”，两者何其相似哉！

赫拉克利特(Heraclitus)认为，火是万物的本源，因为“宇宙永远是一团永恒的活火，按一定尺度燃烧，一定尺度熄灭”。若从能量的角度来解释这里的“活火”，可以说也很有道理。

其实，他们之所以认为“水”或者“火”是万物的本源，是因为观察到了水与火的变化特性。就水而言，它的流动性以及气、液、固三态都意味着变化。就火而言，火焰的飘动以及燃烧成灰也意味着变化。沈从文在《边城》中写道：“水是各处可流的，火是各处可烧的。”这句话本意是说爱情的，却也体现了水与火的流动性。以水、火作为万物的本源，更多应该从象征的角度来理解。

德谟克利特(Demokritos)提出原子论，认为“万物的本原是原子和虚空，原子是不可再分的物质微粒，虚空是原子运动的场所”。古代先贤竟然能够思考无法直接看见或感受的微观粒子，本身就是一件很了不起的事情。更了不起的是，德谟克利特认为，“虚空”也是万物的本源。原子为有,虚空为无。人的思维习惯常常关注“有”,而很少注意到“无”,但“无”的确也是一种特殊的“有”。

亚里士多德(Aristotle)则提出,万物由“土、水、火、气”四种元素组成,与佛教思想中“地、水、火、风”四大思想颇为相似。

有趣的是,古希腊哲学家在学习、成长的过程中,常常受两河流域、古埃及或犹太人的影响。据说,毕达哥拉斯(Pythagoras)因为向往东方的智慧,曾游历巴比伦和埃及。而前文我们提到的泰勒斯早年是一名商人,他也曾到巴比伦学习天文、航海与数学,向埃及人和希伯来人学习观察洪水等。德谟克利特曾经到雅典学哲学,到埃及学几何与灌溉,到巴比伦和印度学习天文。

苏格拉底(Socrates)、柏拉图(Plato)、亚里士多德被后人称为“古希腊三贤”,他们对欧美哲学思想以及科学的孕育和发展具有重要贡献。

尽管古罗马征服了古希腊,但它依然继承并发扬了古希腊文明的精华。伴随着罗马帝国对欧洲近1500年的统治和影响,以及随后欧洲各国主导的文艺复兴、大航海、工业革命、现代科学的发生与发展,古希腊的文字、文化、文明始终影响着科学的语言,其中自然包括化学的语言。

英文字母来自拉丁字母,而拉丁字母又来自希腊字母。希腊字母广泛用于化学、数学、物理、生物、天文等学科。实际上,希腊字母进入英语等许多语言体系,常以各种形式体现(表1.2)。

比如,A/α是希腊字母表中的第一个字母,所以它有第一、老大、权威、优秀等含义。在扑克牌中它是第一张牌埃斯(ace),而英语单词ace表示优秀、第一、排名、计分等含义。人名阿尔法、艾尔法、埃尔法也源于此。字母B/β在希腊字母表中排列第二,和A/α连在一起形成单词alphabet,有字母表、初步、入门、基本要素的意思,也形成了人名阿尔伯特、阿尔法特等。

表1.2　希腊字母的各种表现形式及含义

序号	大写	小写	英文	汉语名称	常用指代意义
1	Α	α	alpha	阿尔法	第一、系数、角度、电离度
2	Β	β	beta	贝塔	角度、系数、磁通系数
3	Γ	γ	gamma	伽马	角度、比热容比、电导系数
4	Δ	δ	delta	德尔塔	变化量、焓变、熵变、化学位移
5	Ε	ε,ϵ	epsilon	艾普西隆	对数之基数、介电常数、电容率
6	Ζ	ζ	zeta	泽塔	系数、电位、阻抗、相对黏度
7	Η	η	eta	伊塔	迟滞系数、机械效率
8	Θ	θ	theta	西塔	温度、角度
9	Ι	ι	iota	约(yāo)塔	微小、一点
10	Κ	κ	kappa	卡帕	介质常数、绝热指数
11	Λ	λ	lambda	拉姆达	波长、体积、导热系数
12	Μ	μ	mu	谬	微、磁导率
13	Ν	ν	nu	纽	光波频率、化学计量数
14	Ξ	ξ	xi	克西	随机变量
15	Ο	ο	omicron	奥密克戎	高阶无穷小函数
16	Π	π	pi	派	圆周率
17	Ρ	ρ	rho	柔	电阻率、密度、曲率半径
18	Σ	σ,ς	sigma	西格马	总和、表面密度、电导率
19	Τ	τ	tau	陶	时间常数、切应力
20	Υ	υ	upsilon	宇普西隆	位移
21	Φ	φ,ϕ	phi	斐	角、透镜焦度、热流量、电势、直径
22	Χ	χ	chi	希	卡方分布
23	Ψ	ψ	psi	普西	角速、介质电通量、ψ函数
24	Ω	ω	omega	奥米伽/欧米伽	欧姆、角速度、角频率、质量分数、有机物的不饱和度

再如,第12个希腊字母M的小写μ(读作:miù)在化学上较为常用,并且它还是国际单位制词头,μ即“微”(micro-),用来表示10^{-6},如μL(微升)、μM(微物质的量浓度)等。世界卫生组织用第15个希腊字母O的英文读音omicron(奥密克戎)来命名2019新型冠状病毒变种。第24个希腊字母Ω(小写ω)的英文读音为omega(欧米伽),这里-mega表示“大”,那么omega的字面意思是“大O”;而O的名字是omicron,micron表示“小”,omicron即“小O”的意思。作为希腊字母表的最后一个字母,Ω也有结束、圆满的意思,同第一个字母A(小写α)放在一起,常常用来表示开始和结束。著名的手表品牌omega想必是取其完美、圆满的含义。

古希腊神话是希腊文化、希腊文明永恒的灵感源泉,它忠实地体现在语言文字中。

chiral molecule(手性分子),单词或词根chir-表示手,来自希腊神话中的巨人赫卡同克瑞斯(Hekatonkeires),他有50个头、100只手臂。

panacea(万灵药),来自希腊神话医药女神帕那刻亚(Panakeia),是医药神埃斯库拉庇乌斯(Aesculapius)的女儿。潘多拉(Pandora)是众神赋予礼物的女人。作为词根,pan-表示完全、广泛的意思,如pan-arabism(泛阿拉伯主义的)、pan-American Airlines(泛美航空)、pangaea(泛大陆的)、pandemic(大流行的)、pantheism(泛神论)、panorama(全景)、panavision(宽荧幕电影)、panagglutination(全凝集)、pancytopenia(全血细胞减少)等。

hydrophilic(亲水的)、nucleophile(亲核试剂)、lipophilic(亲脂的),词根phili-/philo-来自Philotes(菲罗忒斯),希腊神话中代表友爱和爱慕的女神,也是友谊之神和淫神。

Tween 80是一种非离子表面活性剂,而表面活性剂是一端亲水另一端亲油的两亲性分子,这里的tween是two的同源词。另一种表面活性剂曲拉通(Triton)与古希腊神话中海之信使特里同(Triton)同名。特里同是人鱼的形象，上半身是人，下半身是鱼尾，正好象征着表面活性剂的两亲性。

很多化学元素的名称也来自希腊神话，如He/helium（氦），来自古希腊神话太阳神赫利俄斯（Helios）；Pm/promethium（钷），来自古希腊神话偷火被处罚的神普罗米修斯（Prometheus）；Se/selenium（硒），来自古希腊月亮女神塞勒涅（Selene）；Ta/tantalum（钽），来自古希腊神话宙斯之子坦塔洛斯（Tantalus）；Ti/titanium（钛），来自古希腊神话中的巨人泰坦/提坦（Titan）；Pa/palladium（钯），来自古希腊神话女神帕拉斯（Pallas），她和雅典娜玩战争游戏时，被雅典娜失手杀死，雅典娜非常悔恨，因而改名为帕拉斯·雅典娜（Pallas Athéna）。

希腊文化和罗马文化相生相伴，共同影响了欧洲的文化、思想，甚至科学。拉丁语原为意大利中部的方言，随着罗马帝国的扩张和基督教的流传，扩展为欧洲通用语言，统治时间长达1000多年，与地方语言结合后逐渐分化为意大利语、法语、西班牙语、葡萄牙语、普罗旺斯语和罗马尼亚语等，后来影响到英语、德语、俄语等欧洲语言，甚至还影响了美洲、澳大利亚、西亚和北非的各种语言。英语深受拉丁语的影响，29%的词语就来自拉丁语。现代大学起源于中世纪的欧洲，由于科学发展的连续性和继承关系，很长一段时间内欧洲普遍采用拉丁语著书立说，科学、技术、艺术等领域的语言深受拉丁语的影响，上层社会也以使用拉丁语为荣，学术论文以及文学作品多以拉丁文写作。牛顿（Isaac Newton）的《自然哲学的数学原理》（*Philosophiae Naturalis Principia Mathematica*）就是用拉丁文写的。拉丁语是医学、生物学和法学等科学的重要工具语言。可以说，动物学、植物学、解剖学、生理学、病理学、微生物学、药物学以及病案、处方等名词、术语几乎都用的是拉丁语。

炼金术作为化学的前身，诸多相关著作也是用拉丁文书写的，因此拉丁文对化学的语言有较大影响。

化学元素的名称就来自拉丁文，如Na元素的英文是sodium，但其缩写符号却来自拉丁文natrium（表1.3）。

表1.3 部分常用化学元素的符号、拉丁文及英文名称

中文	元素符号	拉丁文名称	英文名称
钠	Na	natrium	sodium
钾	K	kalium	potassium
汞	Hg	hydrargyrum	mercury
铁	Fe	ferrum	iron
铜	Cu	cuprum	copper
铅	Pb	plumbum	lead
银	Ag	argentum	silver
金	Au	aurum	gold

化学上常用拉丁文aqueou表示水，缩写aq.表示水溶液，而不是用英语water。

学术论文写作时也会用到一些拉丁词语，如ca.（大约）、e.g.（比如）、i.e.（即是）、abbr.（缩写）、in *vivo*（体内）、in *vitro*（体外/试管内）等。

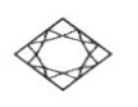

古印度文明中的化学

多样性与包容性并存

古印度一般是指南亚次大陆及其邻近岛屿，大致包括今天的印度、巴基斯坦、孟加拉国、尼泊尔、不丹和斯里兰卡等，是一个有着5000多年历史的文明古国，有印度河和恒河两条大河。

大概在公元前3000年至公元前1750年，以印度河流域为中心，兴起了一个社会生产力水平较高的农业文明，史称“哈拉帕文明”。通过对古城遗址调研与发掘，人们发现那里具有规划严整的城市建设以及先进的供水系统和排水系统，并从那里挖掘出大量的砖砌房屋，出土了1万多枚刻有文字图形和其他图形的印章。

公元前2000年前后，印欧语系的雅利安人陆续自中亚南下进入印度次大陆，开创了古印度的“吠陀”文化时代，对印度哲学、宗教、神话、思想等文化体系的形成具有深远的影响。吠陀(veda)的梵文本义是“知识之源”，其梵文字根为vid-，意思是“知道”或“知识”。德语wit意为“智慧”，希腊语widea意为“思想”，拉丁语video意为“看到真理”，它们最初都来自vid-这个梵文字根。吠陀之学体大思精、内容宏富、体系完备，几乎涉及人类认知的各个领域，文学、逻辑、哲学、历史、政治、经济、军事、艺术、天文、地理、物理、化学、数学、建筑、心理、生物、医药、航海等方面的知识无不囊括。

《吠陀经》是印度最古老的经文，大约形成于公元前1000年。而

《梨俱吠陀》(*Rgveda*)的大部分内容约在公元前1500年就已形成,是印度现存最重要、最古老的诗集,它包括神话传说、对自然现象和社会现象的描绘与解释,以及有关生命学及健康医疗的看法,可以说它是印度医学的起源。《梨俱吠陀》中提到,宇宙源于5种物质元素,即地、水、火、风、空,其对"空"的认知已成为印度文化中最为独特的标志,充分体现了古印度人深邃的哲学思想。写成于公元628年的《梵明满悉檀多》一书,对许多数学问题进行了深入的探讨,明确地提出了"零"作为一个数的概念,并探讨了"零"的运算法则。"零"号和相应符号的引入,使得人们可以方便地利用0、1、2、3、4、5、6、7、8和9十个数码符号的组合表示任何一个数字,至今仍作为世界统一通用的数码符号。虽然它们被称为阿拉伯数字,但这是古印度人对于世界数学发展做出的一个重要贡献。这里"零"的概念与印度哲学中"空"的思想不无关联:"空"不是无,是真空妙有;"零"也不是无,在其他数字后面加"零"意味着几何级数的增长,如10、100、1000等。

在五元素基础上发展起来的阿育吠陀是世界上最古老的医学体系之一,它认为生命是由身体、感觉、精神和灵魂构成的,并且认为人有3种体液(气、胆汁、黏液),7种基本组织(血液、原生质、肌肉、脂肪、骨、骨髓和精液)以及各种由身体产生的废弃物。阿育吠陀医学的相关典籍中记载了发热、咳嗽、水肿、肺病等疾病的名称,并提出了一些治病的方法。《印度阿育吠陀制剂》(*The Ayurvedic Formulary of India*)收载了645种制剂,并对其来源、命名、剂型、药材数、药材类型、药用部位、主治疾病等进行统计分析。其中,剂型共涉及22类,有矿物丸剂、油剂、煮散、煅烧物、碱制剂、硫化汞制剂、露剂等。《阇罗迦本集》(*Caraka Samhita*)和《妙闻集》(*Susruta Samhita*)是古印度两部医学名著,分别代表了古印度内科医学、外科医学的经典,在公元5世纪被译成波斯文和阿拉伯文,深刻影响了阿拉伯医学。公元8—9世纪时,阿拉伯人曾经邀请印度医师主持医院工作和担任教学工作。我国西藏、中原等地区也曾受到古印度医学的影响。

古印度的炼丹术十分发达，他们重视水银和硫黄，而且掌握了升华、焙烧、汽化等技术。公元前4世纪，在《利论》（*The Kautilīya Arthaśāstra*）中，出现了有关采矿、冶金、医药、烟火制造术、毒物、由发酵制成的酒以及糖等的详细叙述。古印度人擅长利用胡椒、茴香、豆蔻、香菜、芥子、丁香、大蒜、洋葱以及咖喱粉调配香气浓郁、层次丰富的美食。以旃檀香、郁金香、龙脑香、丁香、熏陆香、沉香、龙涎香、麝香、安息香等香料制作香水、香精、燃香，使得他们擅长蒸馏、纯化、调配等工艺。他们对艳丽色彩的追求也推动了矿物、颜料和染料等领域知识与技艺的发展。

古印度的铸铁和炼钢技术有着优异的成就。根据史料记载，大约在公元前4世纪，古印度人就已经能够炼钢了。印度德里矗立着一根高7.25米、重约6.5吨的铁柱，它铸造于公元5世纪初芨多王朝时期，至今没有生锈。经过科学分析，人们发现其成分中有磷元素，与空气接触时，铁柱表面生成了致密的磷酸盐水合物，从而避免内部的铁元素与外界环境接触而氧化生锈。

广为人知的印度铁或印度钢，常常被称为乌兹钢。这是世界上第一种真正的人造钢材，是一种高碳的坩埚钢。传说在淬火时，需要用到黑奴、红发小孩、山羊尿或者奔马，这无疑是一种迷信的说法，可见那时古人还没有完全掌握每一步炼钢工艺背后的机制，不能精确控制每个批次产品的质量，因此才把炼钢的过程神秘化和迷信化。在中国也流传着类似的传说：铸剑师干将奉王命炼剑始终不成功，他的妻子镆铘跳入炉中，化为铁水，遂成雌雄二剑，一名干将，一名镆铘。

乌兹钢被贩卖到大马士革后，又被称为大马士革钢，用于锻造坚实锋利的刀剑。其优异的性能加上独特的花纹，通过十字军东征和蒙古帝国西征两次大规模的战争，传入欧洲和亚洲，成为各国争相收购的奢侈品。北魏王朝时期,乌兹钢从波斯萨珊王朝随贸易而来,进入中国后被称为“精钢”或“镔铁”。契丹人建立的辽朝甚至以自产镔铁为傲,“契丹”族名即“镔铁”之义。遥想当年契丹的情景,笔者有诗一首:

契丹

金钩廓落带,

玛瑙缠臂环。

上京锻镔铁,

居延洗胭脂。

辽国之后的金国也会冶炼精钢,蒙古人在西征的过程中掳掠了大量工匠,据《元史》记载,元朝政府工部的诸色人匠总管府下设有镔铁局,专门冶炼镔铁。

除此之外,古印度人早在公元前二三世纪时,就已经掌握锻打、铸造、焊接、熔模铸等技术,能够制作铜制镰刀、锯子、凿、斧、鱼钩等工具,箭镞、匕首、矛头等武器,以及项链、戒指、臂镯、足镯、手镯、耳环等金属首饰。

谈到古印度及首饰,不能不说到金刚石的故事。大家都知道,金刚石、石墨烯、富勒烯、碳纳米管等都是碳的同素异形体。金刚石,作为地球上最坚硬的天然物质,经过切割和打磨,可以被加工成璀璨耀眼的钻石,深受人们喜爱。

但是,钻石在中国传统文化中一直没有成为主流,中国人更喜欢玉石,因为它温润、含蓄、内敛,体现了中国人对美好品德的追求和向往。古印度人则认为无瑕的钻石是上天给予人类的礼物。

在印度神话中,金刚被认为是众神之王、雷电之王因陀罗(Indra)的武器,常常以凿子或者闪电的形象出现,与金刚石坚硬、闪光的特性相对应(图1.2)。传说,因陀罗与阿修罗(Asura)战斗的时候,用闪电击打阿修罗,使其最终碎裂,化成美丽的钻石。有意思的是,在中国古代神

图1.2　钻石、印度雷神因陀罗、闪电、佛家法器

话故事中，雷公常常一手持斧，一手持锥。这个锥是尖头的，与印度雷神因陀罗的法器颇为相似。我国海南、广东、广西的海边在打雷后常常会出现一种黑色的玻璃质石块，当地百姓称之为“雷公墨”。传说，它是雷公写字画符用的墨锭。唐代刘恂在《玄岭表录异》中记载：“雷州骤雨后，人于野中得鬍石，谓之雷公墨。”而《本草纲目》《本草拾遗》称其为“霹雳砧”或“霹雳针”，可见该物体和雷电有着密切的关联。有观点认为，这是因闪电引起的高温促使海滩上的富硅砂石转化而成。除此之外，还有地球火山成因说、月球火山喷发说，以及陨石冲击地球岩石熔融说等，都在试图解释其成因，只不过至今尚无定论。

金刚石透明坚硬，所以常被用来比喻佛法的清净光明和无坚不摧，能冲破一切魔障。《金刚般若波罗蜜经》(*Vajracchedikā-prajñā-pāramitā-sūtra*)指能破一切魔障的、很厉害的经文。金刚力士是佛教中的那罗延(Nryana)，具有大力之印度古神。伴随着佛教东传，“金刚”一词也进入中国文化,三国时期吴国人万震所著的《南州异物志》中记载:“金刚,石也,其状如珠,坚利无疋,外国人好以饰玦环,服之能辟恶毒。”现代动画片《金刚葫芦娃》意思是很厉害的葫芦娃。孙悟空先后被太上老君的金刚琢击倒,并套走兵器,又从太上老君的炼丹炉中出来成就了金刚不坏之身,这里的金刚也采用的是坚硬、厉害的意思。从汉字字面上来说,它就是像金属一样刚硬、牢固的物体,衍生出厉害、无坚不摧、无所不能的含义。

阿拉伯世界及其化学

文明的传递者与集大成者

有史以来，阿拉伯人一直在非洲、亚洲和欧洲之间往来贸易。阿拉伯民族及其帝国广泛吸收美索不达米亚、古埃及、古印度、古中国、古希腊等民族或国家的智慧与文明，在天文、数学、化学、医学等领域取得了巨大的成就。他们不仅是文明的传递者，也是文明的创造者与集大成者。

约公元7世纪，阿拉伯世界崛起，攻灭波斯，击败拜占庭，占领西班牙，成了欧洲东方的强敌。公元830年，苏丹马蒙建立了翻译机构“智慧宫”，从而孕育了西方人所称的“知识爆炸的时代”，同时对欧洲文明产生了巨大的影响。

阿拉伯人在数学上做出了巨大的贡献。大数学家花拉子密（al-Khwārizmī）以阿拉伯数字为工具，结合古希腊的逻辑学发展出完善的代数学。最终，代数学发展成为一个独立的数学分支，今天的“代数”（algebra）一词即源自花拉子密一本著作的名称，书名的阿拉伯文为*Ilm Al-Jabr Wa Al-muqābala*，直译为《还原与对消的科学》。阿拉伯人还把图形和代数方程式联系起来，成为解析几何的先驱。

在天文学方面，阿拉伯人翻译了托勒密（Claudius Ptolemaeus）的《天文学大成》（*Almagest*），经由西班牙语翻译后进入欧洲，使得西方人得以了解托勒密的宇宙观，由此哥白尼、伽利略才有批判的对象，牛顿才能发现万有引力。在帝国境内，阿拉伯人建了许多天文台，制作了大量天文仪器，他们测定地球的圆周长为48 001千米，已经是相当准确了，他们制定的太阳历，每5000年才误差一天。

炼金术的英文单词alchemie源于阿拉伯语，公元7世纪中叶的倭马亚王子哈立德·伊本·亚连德（Khalid ibn Yazid）被公认为第一位阿拉伯炼金术大师。阿拉伯最为著名的炼金术士非贾比尔·伊本·哈扬（Jābir ibn Hayyān）莫属，他著有《七十论》（*Book of Seventy*）、《中和论》（*Book of the Balances*）、《论同情》（*The Large Book of Mercy*）、《东方水银》（*Book of Eastern Mercury*）等多部作品。这些作品既有亚里士多德的四元素说，也可能受到中国炼丹术的影响。他认为一切金属都是由硫黄和水银以不同的比例组合而成，通过炼金术调整硫黄和水银的比例，可以使贱金属铅发生"嬗变"而得到贵金属黄金。在炼金术士实验中引入定量分析的方法，极大地丰富了日后的化学实践。贾比尔·伊本·哈扬获得硝酸、硫酸、硝酸银等物质，认识到许多物质的特性。他对无机物的分类后来成了西方世界大多数理论体系的基础，对现代化学的发展也有积极影响。

被归于阿拉伯世界的波斯炼金术大师、"穆斯林医学之父"拉齐（al-Rāzī）著有《秘密中的秘密》等20多部炼金术著作。《秘密中的秘密》讨论了物质、仪器和方法等。书中记载了浸煮炉、风炉、风箱、铁剪、锉、勺子、坩埚、烧杯、蒸发皿、焙烧炉、沙浴、细颈瓶、玻璃结晶皿、多空烧瓶、过滤器、蒸馏装置、凝结器、漏斗、研钵等实验室装置、工具或器皿；记录了许多物质的配方，如由硫黄、石灰合成多硫化钙，由苏打和生石灰制造苛性钠及氨水等；完善了蒸馏和提取方法，并通过蒸馏绿矾和石油，分别制得硫酸和煤油；对升华过程进行了详细描述，将生物学材料，如草药和动物组织，引入炼金术。

对炼金术的痴迷及对香水、香料、香精的追求，使得阿拉伯人广泛运用分解蒸馏法来分解出物质的基本成分。这也使得他们掌握了大量与化学相关的知识与工艺。阿拉伯人熟练掌握了溶解、蒸馏、升华、结晶、过滤等方法，制备了乙醇、苏打、硝酸、硫酸、盐酸、硝酸银、氧化汞等化合物，改良或发明了许多化学实验器具，并发展了药品和玻璃的制造工艺以及印染技术。

现代西方语言中许多化学名称、化学术语来自阿拉伯语。首先chemistry（化学）一词就来自阿拉伯语alchemy，它有炼金术的意思，也有黑化和神秘的技艺的含义。

alcohol（乙醇），来自阿拉伯语，原意是一种用作眼影的含锑的粉末。那么，这种粉末和乙醇有什么关系呢？原来这种粉末的成分是Sb_2S_3，通过升华辉锑矿而制得。根据炼金术理论，这种升华所获得的产物是经过提纯而得到的物质的精华或灵魂。类似地，乙醇是通过蒸馏从酒中提纯获得的，因此也是酒的精华或灵魂。

alkali（碱），来自阿拉伯语，其中-kali是“灰烬”的意思，因为最初的碱来自草木灰中的碳酸钾，而钾元素的拉丁名kalium也是同样来源。根据炼金术理论，物质由水、火、土、风四大元素构成。草木燃烧产热，说明有火的成分；有水珠，说明有水的成分；火焰引起空气的流动，意味着风元素；燃烧后留下的灰烬，意味着土的成分。钾元素的英语名称potassium来自拉丁词语potash，也是草碱的意思。碱还可以表示为soda或者base。soda（苏打）的主要成分是碳酸钠或碳酸氢钠，最初也是从草木灰或者海藻灰烬中提取的，有观点认为其来自阿拉伯语。因为在水中加入碳酸氢钠可以产生二氧化碳，所以soda也用来表示汽水。base的原意是基础、地基、起点，早期的炼金术士常常用燃烧或煅烧作为反应的第一步，以收集的灰烬为基础进一步反应制备目标物质。

alembic（蒸馏器）、algebra（代数）等词语都来自阿拉伯语。我们注意到这些词语均以al-开头，来自阿拉伯语的定冠词al，相当于英语中的the。

阿拉伯人建立了大规模生产肥皂的方法。阿拉伯语的“肥皂”一词读作sabun,进入西班牙语变为jabon,拉丁语sapo,意大利语sapone,法语为savon,英语为soap和shampoo(洗发香波)。

阿拉伯世界的医学成就在人类文明史上也占有重要的篇章。与炼金术相关的哲学思想以及《古兰经》和《圣训》中的医学原则,对阿拉伯医学产生了重要的影响。自公元7世纪起近200年,阿拉伯人建立了一个横跨亚、非、欧的世界性帝国,其文明程度达到了很高的水平。在相当长一段时期内,他们在炼金术、医学及许多科学、技术、文化方面的成就保持世界领先地位,一直到文艺复兴,世界科学中心才由阿拉伯转向欧洲。公元707年,倭马亚王朝瓦利德一世(Walid Ⅰ)建立了收容盲人和麻风病人的处所以及第一所医院。公元9世纪初,阿拔斯王朝在帝国境内建立了34所医院。医院分成外科、内科、眼科、神经科、骨科、妇科,并实行免费治疗。到了公元1109年,仅巴格达的医院就达60所。中世纪的阿拉伯人积累了丰富的医学知识,他们统治的西班牙拥有全欧洲最好的医院,用乙醇消毒,用鸦片麻醉,并进行外科手术。在药物学方面,他们使用复方制剂,将主药、佐药与替代药巧妙搭配,采用糖浆、搽剂、软膏、油剂、乳剂等剂型,首创丸药的金、银箔外衣等。

中国传统文化与化学

丰富的化学思想与实践

众所周知，现代化学主要形成于欧美主导的文化体系。然而，中国传统文化中有许多思想和内容与现代化学相关联。中国古代先贤对客观世界的认知、对事物转化的观察、对生命与健康的感悟、对丹药和冶金的实践等，都蕴含着丰富的化学乃至科学的思想和智慧。挖掘中国传统文化中的科学内涵是对传统文化的创造性发展，传统文化中的优秀基因也将为现代科学研究带来启发。

对物质本原的认知

无论中外古今，人类一直对世界的本原充满好奇，不同文化体系几乎一致认为，世界的本原可归于“一”。其实，本原常常有三层含义：一指世界最初的源头，二指世间万物的整体或者最基本的组成单元，三指运行世界万物的统一法则。有时候，这三层含义也会混为一谈。

中国传统文化认为，宇宙之初乃是一个浑沦或混沌状态，经运转激荡、阴阳相合而万物化生。如《列子·天瑞篇》中云：“夫有形者生于无形，则天地安从生？故曰：有太易，有太初，有太始，有太素。太易者，未见气也；太初者，气之始也；太始者，形之即时也；太素者，质之始也。气形质具而未相离，故曰浑沦。浑沦者，言万物相浑沦而未相离也。”古代炼丹理论认为，天地即为炉鼎或熔炉，万物生化于兹；同样，炼丹的炉鼎也对应着宇宙的混沌,经加热运转,炼成象征天地至宝的丹药,放置于象征天地虚空的葫芦中。化学反应也是如此,它是研究物质化生、变化、转化、消化的学问,在反应釜或反应器中加入各种试剂、溶液,搅拌相混,在热、电、光等能量的激发下,合成新物质。

在中国传统文化中,人们有时候把世界的初始本原和组成万物的基本单元揉为一体,并称之为混沌、太始、道、太极、元、天、气、玄、虚、空、太一、太乙等。《道德经》中有"有物混成,先天地生。寂兮寥兮,独立不改,周行而不殆,可以为天地母。吾不知其名,字之曰道,强为之名曰大",以及"道生一,一生二,二生三,三生万物"。在物质的基本构成单元方面,《墨子》云:"端,是无间也。"说的就是物质总会到一个无法分割的时候,而此时其就被称为"端"。"端"的思想与现代科学"原子"的含义相似,体现墨子对物质非连续性的认识。《庄子》借惠施之口说:"至大无外,谓之大一;至小无内,谓之小一。"意思是物质小到了极点则没有内部,这个"小一"的思想也类似于原子或原子簇的概念,当尺寸小到一个原子或几个原子时,所有的原子都在表面,内部没有原子。

庄子曾指出,"一尺之捶,日取其半,万世不竭",这似乎又体现了物质的无限可分性,其实它和物质的基本单元并不矛盾,因为物质是有限和无限的统一。正如一个单位可以分为各个部门,一个部门可以分为各个人,一个人可以分为各个系统,一个系统可以分为各个器官,一个器官可以分为各种组织,一种组织可以分为各个细胞,一个细胞可以分为各种分子,一种分子可以分为各种原子,一种原子可以分为原子核与核外电子,一个原子核可以分为质子和中子,一个质子还可以分为上夸克和下夸克。以上这些都可以看作不同层级的基本单元,而原子被看作最基本的单元,是因为它具有相对稳定性,要破坏原子进入更低层次的单元需要极高的能量,而且是不稳定的存在。

今天的科学假说认为宇宙源于一个密度无限的奇点,通过大爆炸而膨胀形成。尽管原子仍然可以再分,但是相对稳定的原子还是被认为是物质的基本构成单元。整个世界可以看作一个整体,世间万物都遵循同一个自然法则,遵循共同的物理、化学规律。

两仪二分思想与对立统一概念

混沌化转,阴阳初分,清气升腾为天,浊气下沉成地,阴阳交感,万物生焉。《抱朴子》云:“澄浊剖判,庶物化生。”古人观察天地、日月、昼夜、干湿、雌雄等许多自然现象,从中形成了对立统一的阴阳理论,并应用于各个领域。

古代炼丹术借用并发展了阴阳、乾坤、龙虎、坎离等思想。在硫汞体系中,硫黄为黄色,对应黄金,象征太阳,为阳;汞为银白色,对应白银,象征月亮,为阴。在汞铅体系中,汞易挥发,对应东方青龙,为木、为春、为阳,生发之义;铅较沉重,对应西方白虎,为金、为秋、为阴,肃杀之义。传说,张道陵在江西龙虎山炼丹,丹成而龙虎现。这里的龙虎,实为汞铅之义,也分别对应阳和阴。

西方炼金术与此极为相似,同样采用硫汞或汞铅体系,分别对应红与白、太阳与月亮、黄金与白银、白天与黑夜、光明与黑暗、鹰与狮、干与湿、上与下等。其中,鹰为天空之王,狮为大地之王,与炼丹术中的龙虎本质一致,龙为天空之王,虎为大地之王,有时候中国文化也以龙马对应乾坤,龙在天上飞,马在地上跑。

由日月轮回、昼夜更替等自然现象所推演的阴阳理论与许多化学认知、现象及原理中的对立统一概念极为吻合,如原和异、正和偏、顺和反、酸性与碱性、共轭酸碱、亲水亲油、亲电亲核、氧化还原、阴阳离子、得失电子、吸热放热、合成分解、溶解沉淀等。例如,老子在《道德经》中所言:“有无相生,难易相成,长短相形,高下相倾,音声相和,前后相随。”

从自然辩证法的角度看，阴阳太极图与化学颇有相通之处。近年来，太极图在化学领域的学术期刊上频繁出现，用于直观、艺术地表现期刊的风采或论文的思想。据统计，2016年顶级化学类期刊《化学会评论》(*Chemical Society Review*)共出版24期，而其封面和图形摘要中却出现了11次太极图的相关模型(图1.3)。

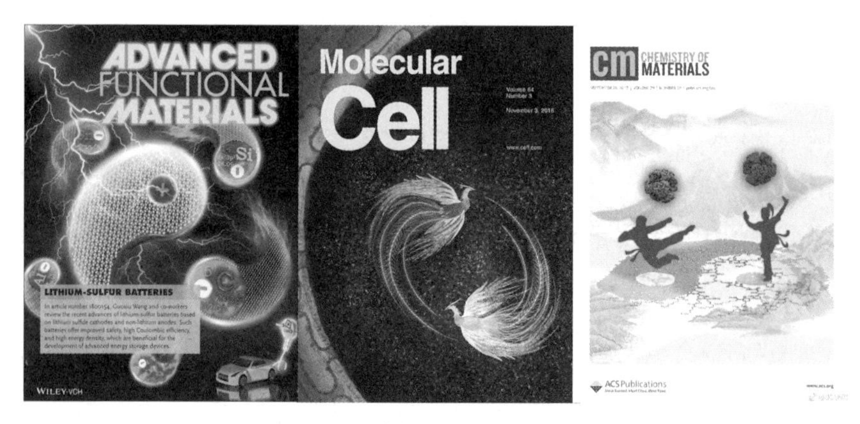

图1.3 化学学术期刊封面中的太极元素

三分思想在化学中的体现

在二分的基础上，中国古人对世间万物产生了三分的思想，如天、地、人，上、中、下，左、中、右，每月分为三旬等。元代杂剧作家王实甫在《西厢记》中写道："当日三才始判，两仪初分；乾坤：清者为乾，浊者为坤，人在中间相混。"中国炼丹术和西方炼金术理论中均发展出有关硫、汞、盐的理论，它们分别对应于阳性、阴性和中性。在化学上则有酸、碱、盐，亲水、疏水、两亲，正反应、逆反应、平衡反应，等等。医学化学的始祖帕拉塞尔苏斯(Paracelsus)建立硫-汞-盐三要素理论，对应物质的身、心、灵，如同古埃及思想中的卡(Ka)、巴(Ba)、阿赫(Akh)。在古希腊哲学家柏拉图的观念里，又对应着灵魂的三部分——欲望、意志、理智。在炼丹术实践中，硫黄和水银反应生成丹砂，这里的硫黄、水银、丹砂,合而为三。葛洪在《抱朴子》中记载:“丹砂烧之成水银,积变又还成丹砂。”利用铅汞的反应制备大还丹,如《丹经》云:“铅汞交,神丹就。”

四象与四元素理论

中国古人认为:“太极生两仪,两仪生四象。”太极为“一”,意为混沌,两仪指阴、阳,而四象即从阴、阳中衍生,指少阳、太阳、少阴、太阴。四象可代表四类事物和现象,四个阶段和四种联系等,如东西南北、前后左右、上下左右、一年四季、四面八方、四面楚歌、四通八达等。在中国传统文化中,青龙、白虎、朱雀、玄武是四象的代表物。其中,青龙代表木,对应东方、春天、绿色;朱雀代表火,对应南方、夏天、红色;白虎代表金,对应西方、秋天、白色或银灰色;玄武代表水,对应北方、冬天、黑色(图1.4)。

古希腊、古印度和玛雅文明均发展有四元素理论——水、土、火、气(风),与炼金术四元素理论完全一致。木头能燃烧,有火的成分;燃烧产生热气,有风的成分;木头表面出现水珠,有水的成分;燃烧后变成

图1.4　四象图

灰,有土的成分。四元素分别对应现代物理及化学中的固体、液体、气体、等离子体(或能量),体现古人对物质世界的归纳和认知。四元素理论对西方传统医学影响极其深远。西方医学之父希波克拉底(Hippocrates)提出了四体液说,认为人体中肝制造血液,为气;肺制造黏液,为水;胆囊制造黄胆汁,为火;脾制造黑胆汁,为土。这四种体液失衡从而使人得病,治病就是针对性地使体液恢复平衡。

五行理论与唯物论

五行理论中,金、木、水、火、土在自然、社会、生活、生命等许多领域的方方面面形成了完整的理论体系和对应关系。《尚书》中记载:"五行,一曰水,二曰火,三曰木,四曰金,五曰土。水曰润下,火曰炎上,木曰曲直,金曰从革,土爰稼穑。"意思是"火"具有炎热和升腾的性质,"木"具有弯曲和舒展的性质,"金"具有延展和锋利的性质,"土"具有种植生长的功能。这其实是古人对自然万物及其特性的归纳总结,具有一定的科学道理,体现了朴素的唯物认识。

五行也可以和东、南、西、北、中五个方向分别对应:

东方太阳初升,草木生发,为春、木、青色,对应曾青,$CuSO_4 \cdot 5H_2O$;

南方阳光强烈,炎热高温,为夏、火、红色,对应丹砂,HgS;

西方日落降温,收敛枯萎,为秋、金、白色或银灰色,对应礜石/白礜,即硫化砷铁,FeAsS;又说为白礬,即白矾,$KAl(SO_4)_2 \cdot 12H_2O$;

北方寒冷失阳,天地闭藏,为冬、水、黑色,对应磁石,Fe_3O_4;

中央为土,承载生化,黄色,对应雄黄,As_4S_4。

这五个方向也对应五种矿石。魏晋时期,《太清石壁记》云:"曾青者,东方青帝木行青龙之精。丹砂者,南方赤帝火行朱雀之精。白礜石者,西方白帝金行白虎之精。磁石者,北方黑帝水行玄武之精。雄黄者,中央黄帝土行黄龙之精。"汉代墓葬中常有五石镇墓瓶,盛有曾青、丹砂、雄黄、白矾和磁石(彩图1)。这也是魏晋士大夫所服用五石散和民间五毒酒的成分。五种颜色的土壤或矿石,由各地纳贡交来,以表明"普天之下,莫非王土"之意,象征着帝王江山。

五金为铜、铁、锡、铅、汞,或者金、银、铜、铁、锡,金、银、铜、铁、铅,现在则用来泛指各种金属。《本草纲目拾遗》中记载:"性最烈,能蚀五金……其水甚强,五金八石皆能穿第,唯玻璃可盛。"

五行理论已融入中华文化的各个方面,如五帝、五星、五谷、五音、五方、五毒、五脏、五岳等。化学进入我国后,早期的学者翻译元素和化合物名称时显然借鉴了五行的思想。例如,金:铁、钴、镍、铜、锌;木:苯、蒽、菲、萘、茚、芘、苄;水:溴、汞;火:烃、烷、烯、炔;土:砷、硒、碘、碱。

天干与有机物命名

八乃是对二和四的进一步细分,由阴阳演化出六爻、八卦、六十四卦等。这体现在古人对客观世界的认识和总结:乾为天,坤为地,震为雷,巽为风,坎为水,离为火,艮为山,兑为泽。

在炼丹实践中,方位、择地、筑坛、立鼎、材料、火候、熔炼、时辰等诸多方面均体现八卦思想。《西游记》中太上老君的炼丹炉就被称为"八卦炼丹炉"。

九、十均为大数,表示多,象征完美圆满,有一言九鼎、三跪九叩、九牛一毛、九霄云外、三教九流、九牛二虎之力、九死一生、十有八九、十拿九稳、十全十美等。与丹药有关的则有九转丹成、九转大还丹、十全大补丸等。数字十和十二还与天干地支有关,也融入了炼丹术思想。有机化学也用天干来命名化合物,如甲烷、乙烷、丙烷、丁烷、戊烷、己烷……

天地、炉鼎和人

中国传统文化认为天、地、人之间存在彼此对应的关系,并且相互影响、相互作用。这种天人合一的思想对当今社会发展也具有重要的指导意义,无论是环境危机还是能源危机,答案都集中于人与自然的和谐发展。仿生化学、绿色化学也体现了“天人合一”的思想。

在炼丹理论中,天地、炉鼎和人彼此相应:天地是个大炉鼎,化生万物;炉鼎是个小宇宙,物质转化;人体对应天地炉鼎,食物和空气进入体内生发化解。司马光在《示道人》中写道:“天覆地载如洪炉,万物死生同一涂。”古人认为,天地如人,也会呼吸。传说黄帝时期的乐官在地表埋下竹管,注入炉灰,感受地气生发而发出悦耳的乐音,称之为律吕调阳;炼丹时所用的风箱称为橐籥,一进一出,带动空气进入炉腔,有如人的呼吸,这种风箱有时也用动物皮张制作,被称为“皮老虎”。有趣的是,化学中所用的吸耳球早期也被称为“皮老虎”。

炼丹术的科学意义

虽然人们没有通过炼丹术炼得黄金及长生不老药,但却观察到了很多化学现象,获得了一些化学物质。通过炼丹术炼就的丹药多数已成为中医丹药方的重要组成,在为民众解除病患、延长寿命上起到了一定作用。名医孙思邈、魏伯阳、皇甫谧、葛洪等人既是药物学家,也是炼丹家,他们为中医医学和丹药学的发展做出了巨大的贡献。

中国炼丹术未能发展成为科学,但是总结了一定的化学规律,形成了对物质世界的一定认识,促进了科学理论的发展。比如,炼丹家认为,物质可以按照阴阳理论及五行理论来分析,彼此相生相克;认为物质可以相互转化,土生金,即从土中开采金属或从土中挖出来的金器、银器等经过冶炼而获得金属;认为雌黄千年后可化为雄黄,雄黄千年后可化为黄金，以及朱砂200年后可变铜青，再300年后可变铅，再200年后可变银，再200年后可化金。《庚道集》云："千年之气，一日而足，山泽之宝，七日而成。"朱砂最终会变为黄金，在化学层次固然是不对的，然而这些观点却蕴含了物质变化的思想，对认识客观世界仍然具有积极意义。

遗憾的是，中国古代炼丹术常常表现为隐秘的传承，其语言文字大量采用隐语，晦涩难通，为今天的解读带来了困难。如东汉时期魏伯阳所著的《周易参同契》中就记载了："河上姹女，灵而最神，见火则飞，不见埃尘。鬼隐龙匿，莫知所存，将欲制之，黄芽为根。"其中，"姹女"指代汞，因为其挥发性所以被说成"灵而最神"，"黄芽"一词则在学界颇有争议，有指代铅、硫、氧化铅、四氧化三铅等多种说法。词语常常含糊多义，进一步增大了解读的困难，并且古代所用原料常常为混合物，少有纯品，也使得反应更加复杂。

综上所述，中国传统思想和文化对人类认识自然、发展科技、促进文明有重要作用。它们既有糟粕，也有精华；去粗取精，扬弃地吸收则是当前传统文化传承与发展的重要内涵。

第二篇

人文哲思此中蕴

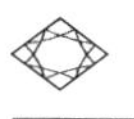

《西游记》中的化学知识

隐藏在典籍中的丹药化学

《西游记》是我国明代小说家吴承恩所写的章回体长篇小说。其表面上讲的是唐僧师徒四人一路降妖伏魔，前往西天取经的故事，实际上是作者融合儒教、释教（佛教）、道教，以三教合一的思想来讲人的修行过程。所谓降妖伏魔，其实降的是心魔，是自我修行提升的过程；所谓取得真经，其实是借成圣、成仙、成佛来描述大彻大悟的最高境界。“一千个人眼中有一千个哈姆雷特”，我们也可以把这个故事看作一个人通过克服困难，从而战胜自我、提升自我，并取得成功、实现自我价值的过程。

书中第一回，孙悟空拜访菩提祖师学艺，遇到樵夫被告知“此山叫作灵台方寸山，山中有座斜月三星洞”，这里的灵台和方寸都是“心”的别称；“斜月三星”也是心，是个字谜，“心”字的斜钩为斜月，三个点为三星。所以，孙悟空向菩提祖师学的是降伏内心、战胜自我的功夫。第十四回，孙悟空被唐僧从五行山下解救出来后，杀死了六个抢劫的毛贼，他们的名字分别是“眼看喜”“耳听怒”“鼻嗅爱”“舌尝思”“意见欲”“身本忧”，正是佛教中所说的“六根”，也是心中的执念。首先要斩断六根，然后才能走上修行之路。三打白骨精，讲的是色与空的关系；六耳猕猴几乎和孙悟空一模一样，其实就代表了自己，战胜自我才是最难的一关，也是最大的突破。

《西游记》的各路神仙基本可以被分为以如来佛祖为首的佛教诸神和以玉皇大帝为首的道教诸神两大体系。在道教体系中，又以炼丹的思想贯穿始终，取经路上“九九八十一难”实际上暗合炼丹过程的艰难，困难多、步骤多、时间长，所谓“九九大还丹”讲的就是这个道理。《西游记》中反复出现“婴儿姹女”“意马心猿”“金公木母”等，它们到底指的是什么呢？其实，这些内容也都和中国古代的炼丹术有关，反映了中国古人认识客观世界而产生的化学思想与实践。

古代炼丹理论认为，天地即为炉鼎或熔炉，万物生化于兹；同样，炼丹的炉鼎也对应着宇宙的混沌，经加热运转，炼成象征天地至宝的丹药，放置于象征天地虚空的葫芦中。《西游记》中太上老君的炼丹炉和葫芦所象征的意思正是于此。现在，我们会在反应釜或反应器中加入各种试剂、溶液，它们经搅拌相混，在热、电、光等能量的激发下，合成新物质。某种程度上，太上老君的炼丹炉就相当于现代的反应釜或反应器。

古人常以天地、日月、火水等对立的符号来对应阳和阴。在炼丹术中常以硫黄为阳、汞（水银）为阴，原因在于硫黄是黄色，对应太阳，为阳，汞是银白色，对应月亮，为阴。除此之外，还有另一套说法，即汞是挥发性的，向上升腾，对应青龙飞天，为阳；铅是沉重的，向下的，对应白虎下山，为阴。所以，龙虎是炼丹的隐喻。江西龙虎山乃道教圣地、炼丹之处。成语“生龙活虎”“吐故纳新”常用于描述炼丹过程中炉鼎内的化学反应。《西游记》第十九回中“婴儿姹女配阴阳，铅汞相投分日月”，以及第二十二回中“先将婴儿姹女收，后把木母金公放”，所提到的“婴儿”即象征铅，为阴，因为婴儿从无到有，代表凝固成形，对应铅的沉重；与此相应，“姹女”则象征汞，为阳，因为少女活泼好动，对应汞的挥发升腾。

说完了阴阳对立统一的哲思，下面我们再从《西游记》中探探五行之道。阴阳五行学说或思想在春秋时期就已经普遍流行，这一理论将世间的万事万物都归纳为金、木、水、火、土五种物质及其特性，五行相生相克，变动不息，生化万物。《国语》提到，“先王以土与金木水火杂，以成万物”。《西游记》第一回中有，“再五千四百岁，正当丑会，重浊下凝，有水有火有山有石有土。水火山石土，谓之五形。故曰地辟于丑。又经五千四百岁，丑会终而寅会之初，发生万物”。这里用的是“五形”，而不是“五行”；对应的是水、火、山、石、土，而不是我们熟悉的水、火、金、木、土。但是，书中后面的演绎却是按照金、木、水、火、土与取经队伍进行匹配的。

《西游记》第十九回，孙悟空擒得猪八戒回高家庄时，有段描写为“金性刚强能克木，心猿降得木龙归”，这里明确表明孙悟空为金，猪八戒为木，因为金克木，所以孙悟空可以拿捏猪八戒。除此之外，书中还有“木母助威征怪物，金公施法灭妖邪”，“平顶山功曹传信，莲花洞木母逢灾”，“心猿遭火败，木母被魔擒”，“心神居舍魔归性，木母同降怪体真”，“圣僧夜阻通天水，金木垂慈救小童”，结合故事情节，也可以很容易地确认“金公”为孙悟空，“木母”为猪八戒。其实，铅和汞是道家炼丹的重要元素，金的沉重对应铅的密度，木的生长对应汞的挥发。所以，道家称铅为“金公”，而且从字形上“铅”字左右两边拆分开来就为“金公”。

第六十一回，孙悟空和猪八戒大战牛魔王中提到“木生在亥配为猪，牵转牛儿归土类。申下生金却是猴，无刑无克多和气”，很明显这里木为猪，金为猴。有意思的是，道家认为真铅生庚，天干中的庚、辛和地支中的申、酉同对应五行中的金，而申属猴，故“金公”指代孙悟空。道家还认为汞为木母，真汞生亥，而亥属猪，故“木母”指猪八戒。铅伏汞可以抑制汞的挥发，与金克木相应，回到《西游记》，其就象征着取经路上孙悟空对猪八戒的制约。

沙和尚被收服之前在流沙河兴风作浪，原著第八回中“菩萨方与他摩顶受戒，指沙为姓”，“沙”对应“土”。第二十二回中“只因木母克刀圭”，讲的是猪八戒战胜沙和尚，对应的就是木克土，因为“圭”字为二“土”。第五十三回“黄婆运水解邪胎”，写的是沙和尚取落胎泉的水给猪八戒和唐僧解胎气。沙和尚对应土，常用“黄婆”指代，因为土对应黄色。

这样取经队伍中还剩下唐僧和白龙马，五行中剩下水与火，它们如何匹配颇有争议，说法不一。笔者认为，唐僧属火、白龙马属水较为合适。因为只有唐僧能管制孙悟空，所谓火克金。有观点认为唐僧属水，理由是唐僧一生遭难几乎都与水有关：一出世就遭母弃于水盆中漂流，名为“江流儿”；取经路上遇到流沙河、通天河、子母河、黑水河，水难不断。但从另一角度看，这也正说明唐僧属火的特性，因为水克火，所以才会遇水有难。直到全书最后，唐僧的肉身在凌云渡顺水漂流，才意味着唐僧终于脱去了凡体肉胎，觉悟成佛，不再受水难制约。故唐僧又名“金蝉子”，即金蝉脱壳，成就圣佛之意。

如果唐僧属火，那么白龙马就只能和水匹配了。白龙马是西海龙王敖闰之子，符合龙与水的关系；因纵火烧了殿上明珠，被玉帝惩处，也符合水火相克的逻辑。一般来说，水克火，但火大也能烧干水，即火胜水，所以白龙马纵火受难。此后，白龙马受观音点化潜伏蛇盘山鹰愁涧，有“潜龙在渊”之意。其本身为龙，却要潜伏在“蛇盘山”，等待时机；曾经西海恣意，如今只能在鹰愁涧休养，也是等待时机。龙往天上飞，水向地下流，水性居低，所以它作为唐僧的坐骑正合适。此外，乾卦为龙，在天上飞，坤卦为马，在地上跑，作为惩罚和修行，龙变为马，随着取经队伍经历磨难，最终一同成圣。

另外，作者对主角孙悟空尤为喜爱，将五行元素集于其一身。孙悟空产于仙石，作为石猴属土；金箍棒属金；水帘洞属水；孙悟空喜食桃，居于花果山，大闹蟠桃园，属木；经历炼丹炉，成就火眼金睛，属火。也正因为如此，如来佛将五指化作金、木、水、火、土五座联山，并称之为五行山，才能压住孙悟空。

五行圆融，大道成真。《西游记》最后一章的题目是“径回东土，五圣成真”，说的是师徒四人和白龙马得道成圣，于是便有“一体真如转落尘，合和四相复修身。五行论色空还寂，百怪虚名总莫论。正果旃檀皈大觉，完成品职脱沉沦。经传天下恩光阔，五圣高居不二门”的说法。

《西游记》并不是简单地以五行比配五众，还体现了道教内、外丹修炼之“三五合一”的思想，即五行之中，西金、北水为一家，以“金”代表，指人的精气；南火、东木为一家，以“木”为代表，指人的元神；中央“土”自为一家，指人的意念。这样，五行就被简化为金、木、土三家。

网络上大家奇思妙想，结合化学知识幽默地诠释了《西游记》中的人物形象与故事情节：

为什么孙悟空被太上老君的镯子砸倒？因为自然界中硬度最大的物质是金刚石，太上老君的镯子是金刚石的，而孙悟空是从石头里蹦出来的，主要成分是二氧化硅，硬度比金刚石小，所以孙悟空被砸倒了。

为什么孙悟空在八卦炉中烧不死？因为太上老君炼丹炉中的温度不到1200摄氏度，而孙悟空是石猴，主要成分为二氧化硅，熔点高达1650摄氏度，当然烧不化。

为什么孙悟空在八卦炉中炼就了火眼金睛？因为二氧化硅在高温下会发生玻璃化，变成透明的晶体，所以孙悟空两眼通透，看穿世界万物的本质。

为什么八卦炉最后会爆炸、孙悟空跑出来后脾气暴躁？因为孙悟空的组成除了二氧化硅，还有一部分碳酸钙，碳酸钙煅烧分解为生石灰和二氧化碳。大量二氧化碳聚集，使八卦炉内气压剧烈增大，从而发生爆炸。生石灰遇水反应激烈，具有强碱性和腐蚀性，所以使得孙悟空脾气暴躁。

为什么孙悟空跟随唐僧后脾气变得温顺了？因为孙悟空被困五行山下五百年，历经风吹雨打，生石灰和水反应生成了熟石灰，所以变得温顺不少。

为什么孙悟空可以得道成佛，修炼成金刚不坏之身？因为孙悟空和唐三藏历经九九八十一难才取得真经。在这个过程中，熟石灰会与空气中的二氧化碳反应生成坚硬的碳酸钙，最终炼就了金刚不坏之身。

就连化学学术期刊封面中亦经常出现《西游记》的相关元素（图2.1），借此形象地表达化学的原理或思想，深受国内外读者喜爱。

图2.1　化学学术期刊封面中的《西游记》元素

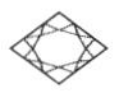

软烟罗之秋香色考证

器以载道，文以载道

《红楼梦》第四十回中贾母说："不知道的，都认作蝉翼纱。正经名字叫作'软烟罗'……那个软烟罗只有四样颜色：一样雨过天青，一样秋香色，一样松绿的，一样就是银红的。若是做了帐子，糊了窗屉，远远地看着，就似烟雾一样，所以叫作'软烟罗'，那银红的又叫作'霞影纱'。"其中，"雨过天青""松绿""银红"三种色均可望名知义，唯有"秋香色"颇不易解。当然，从"秋"字入手也可初步判断其大概是黄色之类的颜色（彩图2）。

从软烟罗的名字来说，它有轻、薄、软、透的特点，"远远地看着，就似烟雾一样"，所以才会被王熙凤误认为"蝉翼纱"。

从软烟罗的用途来说，正因为它的轻、薄、软、透，可以用作窗纱或帐子，因此可以判断软烟罗适用的季节应该是以炎热的夏季为主。

从这四种颜色的内涵来说，古人做器制物有一个很重要的思想，就是"法天象地""天人合一"，常常要和天地阴阳、四季五行等相应，同时要寄托美好的愿望。特别是皇家或宫廷使用的颜色，必有其对应的含义。下面我们就来具体分析一下这四种颜色。

松绿：从名字来看，应该类似松针或松绿石（绿松石）的深绿色。

银红：贾母说"银红的又叫作霞影纱"，因此银红应该和彩霞的颜色相关。在传统国画颜料中，银红是在粉红色颜料里加银朱调和而成的颜色，银者亮泽，朱者近赤，多用来形容有光泽的各种红色，尤指光泽浅红。银朱是用硫黄与汞加热提炼制成的硫化汞，亦称猩红、银朱。“银”有亮、白之义，故银红是红中有白的有光泽浅红。

秋香：“秋”字表明和黄色有关，是一种黄中有绿的颜色。初秋偏绿，为秋香绿；深秋偏黄，为秋香黄，表现的是树叶由绿转黄的变化过程，这两种颜色在古代丝绸文物中都有藏品。秋香色又叫“湘色”或“香色”，是以黄色为主导的浅黄绿色，给人高贵、温和、内敛、稳重的感觉，是典型的皇家服饰和建筑用色，也是佛家僧侣法衣的颜色，代表显赫与尊崇。在中国传统戏剧中，老郡主、老诰命等老年贵夫人常着秋香色，而太后则用黄色。清宫旧藏中有乾隆御用的一件缂丝彩云金龙纹皮龙袍，就是在秋香色缂丝面上以圆金线织金龙九条制成的。《清史稿》中记载：“凡庆贺大典，冠用东珠镶顶，礼服用黄色、秋香色五爪龙缎、凤皇翟鸟等缎。太皇太后、皇太后受贺诸庆典，冠用东珠镶顶，礼服用黄色、秋香色五爪龙缎、绣缎、妆缎。”《清稗类钞·服饰》中记载：“香色，国初为皇太子朝衣服饰，皆用香色，例禁庶人服用。”清顺治九年（公元1652年）上谕：“凡违禁衣服，如三爪、五爪满水缎圆补子，黄色、秋香色、黑狐皮，俱不许存留在家。”由此可见，“秋”意味着老年、丰收，从而衍生出“资历”“尊贵”“威严”等含义。

雨过天青：像雨后初晴时的天色，一般表示暴雨后的转晴天空。明代谢肇淛在《文海披沙记》中曾提到，“陶器，紫窑最古，世传柴世宗时烧造，所司请其色，御批云：‘雨过天青云破处，这般颜色做将来。’”

把四种颜色放在一起比较，我们能看出一些有趣的组合：松绿和雨过天青是冷色，秋香和银红是暖色；银红和雨过天青是天空的颜色，松绿和秋香是地上植物的颜色。

软烟罗极为轻、薄，只能在热、暖的季节使用，考虑到秋香色的存在，应该是夏秋两季，至少是夏天和初秋。夏天较为炎热，一般使用冷色调的松绿和雨过天青；秋天略微凉爽，可以使用暖色调的银红和秋香。

因此，这四色对应：两个天、两个地，两个夏、两个秋，两个冷、两个暖。松绿，冷色、为地、夏用；银红，暖色、为天、秋用；秋香，暖色、为地、秋用；雨过天青，冷色、为天、夏用。

另外，这四种颜色还可以对应五行中的四个元素。松绿属木，绿色，对应东方和春天；银红属火，红色，对应南方和夏天；秋香属金，黄色，对应秋天和西方；雨过天青属水，青（蓝、黑）色，对应冬天和北方。

五行理论中，秋天属金，通常对应金属的白色，但这里用黄色对应，也符合金、铜等金属的黄色，故有尊贵之义。

五行理论中，冬天属水，通常对应黑色，但这里雨过天青，雨就是水；水天一色，天色即水色；天色为青、为蓝、为玄、为黑，青色也包括黑色。所以，雨过天青也可以对应水、冬、北。

这四种颜色的使用，体现了古人感应天地季节变化的思想（表2.1）。

表2.1　颜色巧析

	冷色/暖色		天空/大地		夏天/秋天		五行			
松绿	冷色			大地	夏天		木	春	东	绿
银红		暖色	天空			秋天	火	夏	南	红
秋香		暖色		大地		秋天	金	秋	西	黄
雨过天青	冷色		天空		夏天		水	冬	北	青

为什么绿色代表有毒

关联思维有助于创造力的形成

在游戏、动漫、电影或电视剧中,有毒、有害及致命的药物、魔法与鬼怪常常以绿色出现。比如,毒害白雪公主的毒药、哈利·波特的致命黑魔法等,都给人一种致命、可怕、邪恶的感觉。那么,为什么人们常常用绿色表示有毒呢?

最主要的原因是绿色常常与死亡相关。这一点是不是很奇怪?春天万物生长,大地披上了绿装,毫无疑问,绿色应该象征生命;但矛盾的事物总是彼此依存,生命的开始也意味死亡的新生,生与死就是这样纠缠在一起。在中国文化中,绿色也常常象征着生命,比如松柏长青,象征长寿。也正因为如此,绿色又和死亡相关,中国的墓地、陵园等处一般都种植松柏一类的常绿植物,取其精神永恒、亲情不忘之意,当然内心也有期望复活的美好愿望。“离离原上草,一岁一枯荣。野火烧不尽,春风吹又生。”这首诗形象地表明了绿色和生与死的关系。

中国的五行理论以绿色的青龙和绿蓝相间的含铜矿石曾青对应东方和春天,但中国神话传说中死神阎王的皮肤是与绿色紧密关联的蓝色。这种生与死的关联还可以从古埃及、古希腊、古罗马神话中发现。古埃及死神俄赛里斯(Osiris)的皮肤就是绿色的,而古埃及、古希腊、古罗马的生命与繁殖女神分别是伊西斯(Isis)、阿佛洛狄忒(Aphrodite)和维纳斯(Venus),她们都是手持象征铜镜,以铜镜的绿锈象征草木生发和生命繁衍。当然,铜锈也象征腐烂和死亡,这时死亡与生命再次关联在一起。

有意思的是,古希腊神话中的死神塔纳托斯(Thanatos),对应罗马神话的死神墨尔斯(Mors),他们都身着黑色长袍,手持长柄镰刀。希腊神话中的神王克洛诺斯(Ckronos)用镰刀阉割并杀死了自己的父亲,因其名字与时间之神柯罗诺斯(Khronos)极为相似,且后者也是手持镰刀的形象,所以常常被人混淆。罗马神话又将农神萨图恩(Saturn)对应了希腊神话的神王克洛诺斯,将其看作创造力和破坏力的统一体。时间的流逝意味生命的结束,收获粮食也是收割作物的生命,最终,死神、农神和时间之神融为一体。

除神话故事外,炼金术象征符号中也常常用头戴时间沙漏、手持长柄镰刀的老人代表农神,象征着土星和金属元素铅,土星运转速度缓慢,对应铅的沉重。相比于黄金,铅也代表贱金属,而炼金术的第一步就是"杀死贱金属"使其转发为贵金属"金",这种转化正意味着新生。有些酸具有很强的腐蚀性,它们和铁、铜等物质反应,产生某种绿色或黄绿色的溶液。炼金术士常用绿狮子吞噬太阳来象征新物质的生长过程或者酸液对物质的溶解。

茂密而幽暗的绿色森林,也意味着未知的恐怖世界:剧毒的虫蛇、凶猛的野兽、邪恶的巫婆、凶狠的强盗……中国人常常把强盗称为"绿林大盗"。4世纪末,在条顿堡森林中,强大的罗马军团遇到了日耳曼蛮族的伏击:绿色的森林、恐怖的蛮族、遍地的尸骨、几乎全军覆没的败绩,在罗马人的心里留下了可怕的记忆。

在化学上常用的氯气也是一种惨淡的黄绿色,就像幽暗森林中沼泽地上方雾气的颜色,给人可怕的联想。1775年,瑞典化学家舍勒(Carl Wilhelm Scheele)制得了亚砷酸氢盐的绿色颜料。1800年,厂家以乙酸亚砷酸铜为主要成分,先后推出了"巴黎绿"与"翡翠绿"两种颜料,并将它们运用到服装、绘画、墙饰等多个领域，一时间“巴黎绿”与“翡翠绿”制品在欧洲市场备受欢迎。然而，这种含“砷”的有毒颜料很快就让使用者大面积掉发、皮肤溃烂、呕血衰竭，直至最终死亡。这次大规模的死亡事件又与绿色相关，再次给欧洲留下了恐怖的记忆。甚至有传闻，拿破仑在英国圣赫勒拿岛病逝后，人们发现其房间的墙上贴着绿色的壁纸，而拿破仑的头发中也有少量的砷。

此外，一个健康人的皮肤常常具有不同程度的红色，我们称之为“血色”。一个长期营养不良的人容易产生所谓的“菜色”，一个肝脏受损的病人面部常呈现病态的绿黄色，一个失血过多或者垂死的人面部则会绿得苍白。因此，在游戏中，常常用绿色代表受伤失血。绿色的脓液、痰液、霉菌、毒蘑菇常常给人不适的感觉，与恶心、疾病、死亡等关联。但红色常常与太阳、火焰、血液相关联，给人以温暖、舒适的感觉，是一种暖色调，波长长，能够深入人体；而绿色是一种短波长的冷色调，本身就给人清冷的感觉。

诸多“负面”信息和绿色关联在一起，便在人们心中形成了绿色有毒的印象。

五味调和之食物化学

口腹之美的秘密

美食来自厨房里的食物加工，而这一切的背后离不开化学。

盐的生产涉及溶解、饱和、结晶、析出、提纯等化学概念或步骤；蜂蜜的产生以及酒、醋、酱油、臭豆腐、臭冬瓜、火腿的生产涉及发酵工艺；牛奶可以用来制作奶酒、酸奶、奶酪、奶皮子、奶疙瘩等美食，涉及蛋白质变性、分离、纯化、发酵等许多化学工艺，不同的反应条件和制作工艺带来不同的美食；煮鸡蛋、炒鸡蛋、腌鸡蛋，不同的烹调方法带来不同的口味，意味着反应条件的不同则产物不同；用盐腌制、用糖蜜制，涉及脱水和抑菌机制；木柴的燃烧、烧制木炭、熬制糖色、食物烧焦、水体发臭，表面看起来是完全不同的现象，其实背后都是含碳有机物的脱水、脱氢的碳化过程，根据氧气的多少，碳化程度不同而已。

中国是美食的王国，数千年的文化与文明造就了丰富的美食文化。

早在商朝时期，古人的烹饪手法就已颇为精妙，有燔、炙、炮、烙、蒸、煮、爆、烧、炖、烩、熬、脯、羹等工艺。显然，烹饪可以看成是一门水与火的艺术。水为阴、火为阳；水为坎、火为离。鼎内五味调和，以就众生口腹之美；炉中日月相激，方成各家百转还丹。坎离相交，水火既济，大功成兮。

食物的烹饪可以趣味性地以土、水、风、火四元素的理论来归纳(图2.2)。

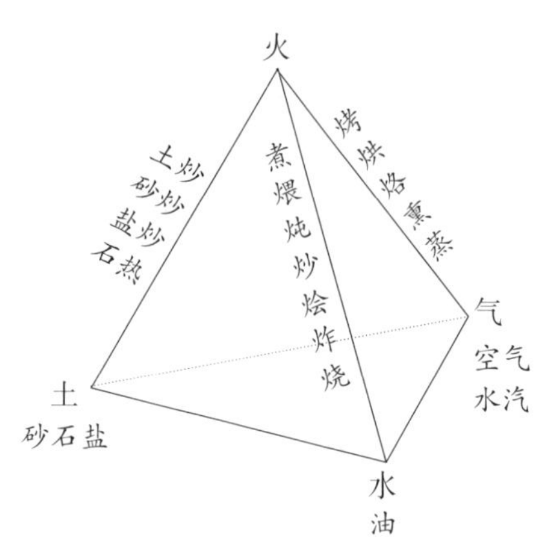

图2.2 厨房里的四元素论

土可以看作固体。河南济源有一道美食叫作土炒馍，就是用土炒出来的馍。当地人把在王屋山山壁上挖来的土敲碎，碾压成粉状，用很细的筛子过滤，最终得到很细的粉土；然后将粉土倒入锅中加热，直至其像水开了一样翻滚沸腾；再将发酵后的面块放入锅中翻炒，等面块变脆、变熟后出锅；最后筛掉浮土后，土炒馍就做好了。很细的粉土一方面可使面块受热均匀，另一方面可作为受热介质，令温度刚好适合面团的炒制。在中药炮制工艺中，也有用灶心土(或洁黄土，或赤石脂)与药材拌炒。中医认为，药材经土炒后能增强其和中安胃、止呕止泻功能，并能减少它对胃肠道的刺激。当然，用土炒制容易扬灰，但砂子就不存在这个问题。因此，可以用砂子来炒制瓜子、花生、板栗等，既可以确保食材受热均匀，也不至于扬灰。除此之外，也有人用盐甚至卵石来传热烹制食物。

水的最高温度为100摄氏度，可以很容易实现恒温控制，而且温度不高，不容易造成对食物的过度破坏。水也是成本低廉而又性能优良的溶剂，可以均匀分散营养成分和调味佐料等。而油温取决于具体的油的品种，最高可达大约257摄氏度。油温较高，可以在短时间内使食物外层快熟，从而锁住内部的水分，获得外脆里嫩的口感。不同的温度意味着反应条件的不同，当然产物也不一样，口味也不一样。先炒后烧或先炸后煮，油与水彼此协调，共同造就美味的食物。

气可以分为水汽和空气，一湿一干。通过其加工的食物的口感当然也各不相同。特别是在蒸的过程中，水汽凝结为水时会释放大量热量，从而加快食物的成熟，具有更好的杀菌效果。

中国五行理论将食物和人体健康关联起来，形成一套有趣而又充满智慧的对应关系（表2.2）。五行（木、火、土、金、水）分别对应五味（酸、苦、甘、辛、咸）。《黄帝内经》认为，人禀天地之气以生，人身气化即天地之气化。《素问·五运行大论》更为具体，谈到了"酸生肝，肝生筋，筋生心……苦生心，心生血，血生脾……甘生脾，脾生肉，肉生肺……辛生肺，肺生皮毛，皮毛生肾……咸生肾，肾生骨髓，髓生肝"。中国古代思想认为，五味对五脏起着重要的滋养和协调作用，心喜苦、肺喜辛、肝喜酸、脾喜甘、肾喜咸，并常常采用这种对应关系来指导药疗及食养。

表2.2　五行理论与食物、人体的关联

五行	五味	五脏	五方
木	酸	肝	东
火	苦	心	南
土	甘	脾	中
金	辛	肺	西
水	咸	肾	北

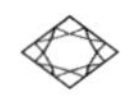

化学仪器之秤与天平

最早的定量装置

秤或者天平可以看作化学最早的定量仪器或装置，它用于物质的称重，与杠杆、平衡、相等、公平、公正、司法等词语具有显著的相关性，其背后具有丰厚的文化内涵。

古埃及壁画中常出现天平的图纹。那时候人们相信，人死亡之后，灵魂是能够复活的，但它必须依附肉身才得以复活，所以古埃及人制作木乃伊。有意思的是，在制作木乃伊时，会清除死者大部分内脏甚至大脑，但把心脏保留下来。因为古埃及人相信，人死后要经过神灵的审判才能进入轮回，而心脏是一个人一生中善恶的记载，是审判的依据。象征公平、平等的天平正是审判工具。在正义女神玛特(Maat)的见证下，由掌管死者复活审判的冥界使者阿努比斯(Anubis)负责称量，将代表死者良心的心脏放在天平的左盘，代表正义、公平及真理的正义女神的羽毛放在天平的右盘(图2.3)。如果心脏轻于羽毛，则意味着这个人良心好，可以进入来世；当心脏重于羽毛，则意味着这个人心恶、有罪，此时它就会被头部酷似鳄鱼的饥饿女神阿米特(Ammit)吃掉，这时死者的灵魂也消失了，他将永远不能进入来世。显然，古埃及人已经把天平的平衡和公平、正义、审判关联在一起了。

受古埃及神话的影响，天平在古希腊和古罗马神话中也分别代表了正义女神忒弥斯(Themis)和尤斯蒂蒂娅(Justitia)，具有公平、正义和

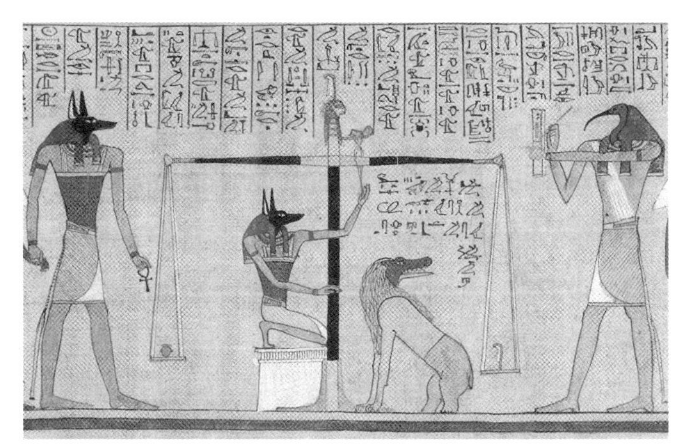

图2.3　古埃及壁画上的天平

司法的含义（图2.4）。显然，just公平的/刚好、justice法官/公正/公平、judge审判/评价，都和正义女神尤斯蒂蒂娅的名字Justitia同源。

天平是西方炼金术士实验室的标配，称得上化学最早的仪器装置（图2.5）。其实，无论是在西方炼金术还是在中国炼丹术中，秤和天平都表示原料成分的平衡、阴阳的平衡、万事万物的平衡。西方炼金术用正义女神的天平和宝剑来象征物质的增减与平衡，而在古代中国炼丹、制药时则使用秤称量。在称量过程中，会用到一种叫作"刀圭"的物体来挑取原料，调节物质的比例与平衡。"刀圭"形如刀，尾端尖锐，中间下

图2.4　古罗马神话正义女神尤斯蒂蒂娅

图2.5　炼金术士桌上的天平

洼，类似今天化学实验所用的药勺。晋代葛洪在《抱朴子·金丹》中记载："服之三刀圭，三尸九虫皆即消坏，百病皆愈也。"章炳麟在《新方言·释器》写道："斟羹者或借瓢名，唯江南运河而东，至浙江、福建数处，谓之刀圭。"《西游记》中用刀圭比喻沙和尚，也是因为沙和尚在取经队伍中起到调和矛盾的作用，特别是调和孙悟空和猪八戒之间的矛盾。

秤是衡器，称重用的。所谓度量衡，"度"是长度、"量"是体积、"衡"是重量，代表了国家的标准和法度。秦始皇统一六国后，首先做的事情就是统一度量衡，可见其重要性。北斗七星名为天枢、天璇、天玑、天权、玉衡、开阳、摇光，其中，玉衡的衡为秤，天权的权为秤砣。过去，16两为一斤，所以有半斤八两之说。秤杆上的16颗星分别代表北斗七星、南斗六星以及福、禄、寿三星，对应1斤16两。商人卖东西，要讲究商德，不能缺斤短两。古人认为，克扣一两减福，克扣二两损禄，克扣三两折寿。这是中国文化"天人合一"思想的体现，将职业道德和行为规范蕴藏于器物之中。

从本质上说，秤和天平都是杠杆，天平是一种等臂杠杆，而秤是一种不等臂杠杆。当然，随着语言的演化和含义的扩大，秤与天平也可以表示广义上的称量工具，如台秤、磅秤、电子秤、电子天平等。权衡、权重、衡量、称量、衡虑等词语显然都是由秤演变而来的。有意思的是，组合而成的度量、忖度、思度、考量、思量、掂量、衡量、权衡、平衡等词语却都有思考、比较之义。

在英语中也有类似的现象。金属元素铅Pb的拉丁名为plumbum，英文名为plumb，有铅垂、探测、垂直、铅管的含义。铅比较重，常用作铅垂线，用于拉垂直线，从取垂直衍生出猜测、探测、探索的含义。

现在我们再回到词语的本义，看看英语中哪些词可表示秤和天平。

level表示秤、天平、杠杆、水平、平整、相等、水准仪等含义，因为秤的长杆、天平的横梁本质上也是杠杆，称量时要求两端水平或平直。

balance表示秤、天平、平衡、相等、余额等含义，因为秤或者天平表示的就是两端的等量关系，余额体现了收支的平衡。词首ba-其实就是词根bi-，表示二，因为是“两端”的平衡。后面的-lance和level同源，都表示杠杆或长棒。

scale也可以表示秤或者天平。其实，scale原来表示天平上的秤盘或刻度，由局部到整体，扩展为秤或天平的含义；由器物到功能，衍生为称量之意。除此之外，它还有鱼鳞、牙垢、剥落、音阶、攀登、比例、缩放等含义。有意思的是，这些含义彼此关联，都与切割有关。因为scale来自原始印欧语词根(s)kel-，有割、刻画的意思。

秤或者天平是化学史上最早的定量仪器或装置，而英语中有几个词常用来表示化学仪器或装置，如equipment、instrument、device、apparatus。其中，equipment和equal颇为相似，但它们一个表示设备/器材，另一个表示相等，两者之间有关联吗？

我们首先来看看它们的同源词：

equipment原意为整齐码放的东西，现指设备、器材；equip原意为装船、整齐摆放、使一致、使平衡、使相等，现指装备、配备；equipage早期指在盒子里整齐排列有镊子、牙签、耳挖、指甲剪等物品的套装，现指用具、化妆品；而equiparation现指均分、匀配，equilibrium现指平衡、均势、平静。

equal现意为相等的/平等的/等于，而equality则表示等量，equalization表示均分，equilibrium为平衡，equivalent代表相等的/当量等。

对以上词语的溯源分析，我们可以看出其中的关联：balance（天平）是通过两端平衡、横梁的水平来称重的，有相等、平衡的意思；为了保证船的安全，装船时要称量货物并整齐码放，分别使前后、左右等重，保证船体水平、船身平稳，保持不低于水平的载重吃水线，equip也就有平衡、等量的意思；equipage（盒子里整齐码放的套装）就像装船时码放的货物；equipment（仪器、装置）是由装在箱子里的各种配件组装而成的。

燃烧理论与呼吸代谢

关联思维与整体论

拉瓦锡(Antoine-Laurent de Lavoisier)是法国化学家,被尊称为“现代化学之父”。他在化学上的杰出成就是采用定量分析方法验证了质量守恒定律,推动了化学从定性向定量的转变。他科学地提出了燃烧作用的氧化学说,并明确表示呼吸也是一种燃烧。他构建了度量体系,提出规范的化学命名法,撰写了第一部真正的现代化学教科书《化学概要》(*Traité Elémentaire de Chimie*)。这部著作标志着现代化学的诞生。

拉瓦锡设计了一个实验装置,测量动物呼吸和动物热的产生,从而证实呼吸是维持动物热的原因。因此,呼吸可以看作一种缓慢的燃烧或氧化过程。这是一个非常了不起的发现。我们好奇的是,为什么拉瓦锡会把呼吸和燃烧这两个不相干的现象关联在一起?

其实,呼吸和燃烧的确紧密相关,它们最大的一个共同点是都产生热。拉瓦锡还注意到,呼吸和燃烧都需要消耗“特别适于呼吸的空气”(即氧气),都会产生“不适合呼吸的固定空气”(即二氧化碳)。这种关联思维触及了问题的本质。从现代科学来说,燃烧木材,是有机的碳氢化合物在氧气帮助下燃烧并释放热量;动物呼吸,是吃进来的食物(即有机碳氢化合物)在吸入的氧气的帮助下代谢并释放热量。两者的确非常相似,但不一样的是:前者反应剧烈,短时间内快速燃烧,促使温度快速上升;后者反应缓慢,缓慢释放能量,保持体温稳定并满足身体运动需要。另外,燃烧虽然快,但是氧化不充分,释放能量的效率低;呼吸虽然慢,但是氧化充分,释放能量效率高。从本质上看,两者的确都是燃烧,只是反应的条件不同而已,使得产物和释放的能量也不一样。

当然,拉瓦锡把燃烧和呼吸放在一起比较,并不是完全异想天开,而是有更深的文化与思想根源。很多人认为,拉瓦锡的氧化学说是对此前燃素论的有力抨击,燃素论似乎一无是处。其实,这样的观点有待商榷,我们更应该将拉瓦锡的氧化学说看成是对燃素论的修正和完善,而不应该从对立的角度将其看成是"打倒"或"战胜"燃素论的利器。

实际上,在燃素论之前,人类对燃烧或热量的探索从未停止过。古人点火时用嘴吹气,用扇子、风箱或皮老虎为炉火鼓风,说明他们已经意识到火与空气的关联。

赫拉克利特认为,"宇宙永远是一团永恒的活火,按一定尺度燃烧,一定尺度熄灭。火与万物可以相互转化"。这里,赫拉克利特已经注意到能量在世间万物运行中无处不在,甚至提出能量和物质的相关转化,这是相当超前的认知。

亚里士多德在前人基础上总结四元素论,认为地上世界由土、水、火、气四大元素组成。这个理论与佛教中的地、水、火、风四大思想极为吻合。四元素论被西方炼金术所借用,在近代科学诞生之前,一直是欧洲物质理论研究的理论根据。一个常用来说明四元素论的例子就是木材的燃烧。木材里有水,能燃烧说明有火,有火就有气,留下的灰烬就是土。这里所说的火的元素可以看作最早的燃素论。化学词语碱(alkali/base)、钾(kalium)都来自表示灰烬的词根,因为碱和钾元素最初都来自草木灰。

15世纪,意大利画家达·芬奇(Leonardo da Vinci)注意到,物质燃烧时需要补充新鲜的空气,认为燃烧与空气之间存在一定的联系。1630年,法国医生雷伊(Ray)发现锡煅烧后重量增加,他认为是空气凝结于锡烬中，就像干燥的尘土吸收水分一样。1664年，英国科学家胡克(Robert Hooke)认为火焰是引起化学作用的混合气体，并指出物体燃烧时会释放燃素。于是，我们可以得出一个结论，即古人注意到了两类不同的燃烧现象。用现代科学来说，一类是有机物的燃烧，产物是所含碳、氢、氮等元素与氧气作用生成的二氧化碳、水、二氧化氮之类的气态氧化物，因此有机物燃烧后重量变轻，似乎有东西逸出；另一类是金属的燃烧，结合氧气生成金属氧化物，就像雷伊所说的"空气的微粒黏附到金属上"，从而使得金属重量增加。

1674年，英国化学家梅奥(John Mayow)在钟罩里点燃蜡烛，并放入一只老鼠。与没有放老鼠的钟罩相比，有老鼠的钟罩内蜡烛很快停止燃烧。这意味着老鼠和燃烧在竞争某种物质。他又将燃烧的蜡烛和老鼠分别放在钟罩里，并悬浮在水面上，发现两个钟罩内的空气都在逐步减少。显然，无论是燃烧还是呼吸，都在消耗空气中的某种物质。梅奥注意到了呼吸和燃烧的关联。

在此基础上，德国化学家施塔尔(Georg Ernst Stahl)系统地提出了燃素学说。他认为，燃素无处不在，存在于万物之中。生物因含有燃素而富有生机，非生物因含有燃素而燃烧。燃素是万物的灵魂，物质失去燃素，变成死的灰烬，灰烬获得燃素，物质又会复活。这种思想具有显著的炼金术背景，但其中的积极意义则是把生物与非生物放在一起思考，在某种程度上其与中国古代的整体论、关联思维以及"天人合一"思想有一定的相似性。燃素理论成了当时欧洲有关燃烧和呼吸的时尚学说。人们经常用老鼠呼吸和蜡烛燃烧的实验来比较两者彼此的关联。一般典型的实验是用老鼠存活的时间来说明容器内燃素含量的多少。

拉瓦锡通过金属燃烧后重量的变化，提出质量守恒定律；通过燃烧和呼吸的比较，得出呼吸也是一种燃烧。这背后的科学思考与实验设计并非凭空产生，而是受益于古人的实践和前人的积累。把光环授予拉瓦锡,他的确当之无愧,但以此否认前人的工作积累也有失公允。客观评价前人的工作有助于科学的进步与发展。

将燃烧与生命关联也是中国文化的典型思维。我们称感冒"发炎"引起的体温升高为"发热",这里的"炎"和"热"都来自燃烧,其背后的本质都是温度的升高。

中国文化中的"法天象地""天人合一"等思想都是试图在万事万物之间建立普遍的、整体性的关联,它们有助于科学研究和认知。然而,遗憾的是,科学上的燃烧理论并未在中国诞生,化学和科学体系也没有在中国诞生,这背后的原因值得深思。

基于关联思维和整体论思想,我们来做一些有趣的思考,从中可以发现燃烧、呼吸、水体变臭、炒菜、碳材料、煤炭、石油、泥炭、金刚石、电池等现象或物质之间的关联性。

燃烧:木材燃烧是碳氢(氮)化合物和氧气的相互作用并释放热量。其中,碳氢(氮)化合物可以当作还原剂和燃料(燃素),氧气可以当作氧化剂和助燃剂,那么这就是一个氧化还原反应。由于氧化剂和还原剂之间存在电势差,可以通过燃烧释放能量。用风箱鼓风是提供氧气,使得燃烧充分,释放热量多,使温度升高;如果氧气供应足够充分,那么燃烧氧化产物主要为二氧化碳和水;如果不鼓风或者闷烧,那么氧气不足,燃烧不充分,就会生成较多的烟尘和灰烬。有些金属之所以可以燃烧,也是因为它们的还原性。

呼吸:呼吸和消化是彼此依存的整体活动。人体摄入的食物是碳氢(氮)化合物,它们经消化降解为葡萄糖进入血液,与因呼吸而进入血液的氧气相互作用,最终代谢为二氧化碳和水,并释放能量以供身体需要。与燃烧相比,消化吸收和呼吸代谢作用比较温和、缓慢,一般用于维持37摄氏度左右的体温和正常的生理功能。木材和食物都是碳氢(氮)化合物,只是燃烧更剧烈,呼吸代谢较为温和,但是燃烧产生能量更多,能效也更高。在剧烈运动或高原环境引起的缺氧条件下,身体开启无氧代谢,产生能量较快,但是能效较低,氧化不彻底,生成乳酸等有害代谢产物,所以不能用于平常供能,只能用于短时间应急反应或运动。

死水或(和)流水:《吕氏春秋》中说"流水不腐,户枢不蠹,动也",意思是流动的水不会发臭,经常转动的门轴不会被虫蛀。死水发臭是因为有机物在缺氧条件下不完全氧化而形成的。产生的碳或小分子含碳化合物使得水体发黑,含硫含氮的小分子化合物使得水体发臭。人们经常向鱼塘中投喂饲料,但这些饲料不能及时被鱼群所食,沉入水底(缺氧或无氧环境)后,有机物不能完全被氧化,造成水体发黑、发臭,并进一步消耗氧气,致使鱼群缺氧而死。解决问题的方法很简单,搅拌或者通气都可以为水底供氧,从而保障鱼群存活。流动的水不会发黑、发臭,原因就在于,流动过程中水体翻滚可以不断地吸收空气中的氧气,保证氧气的供应。

煮饭与炒菜:煮饭与炒菜的过程也是一个复杂的氧化过程,而且一般都是缺氧氧化。饭菜被加热、炒干、烧煳的过程伴随着有机物的脱水、脱氢、脱氧及碳化的反应。以美拉德反应来说,它指的是含游离氨基的化合物和还原糖或羰基化合物在常温或加热时通过聚合、缩合等复杂的变化,最终生成棕色甚至是棕黑色的大分子物质的过程。举个例子,烧红烧肉的时候,加入的糖与肉作用在其表面形成糖色的过程就是美拉德反应。其本质上也是有机物在缺氧状态下的脱水、脱氢、脱氧、交联、碳化的过程,如果进一步加热,最终也会碳化变黑成为焦炭。科学家模拟食物在缺氧条件下的碳化过程,在高压反应釜内加入葡萄糖,160摄氏度条件下反应24小时,可以得到微米或者纳米尺度的碳球。温度和时间都会影响食物的碳化程度。

地球的馈赠:煤炭(泥炭)、沥青、石油、天然气,是远古植物在地下高温、高压、缺氧条件下,经过漫长的地质变化而形成的,其本质上也是缺氧碳化的过程。煤炭(泥炭)、沥青、石油、天然气依次对应着固体、黏稠体、液体、气体,物质最终的形态取决于其具体的形成条件。更加彻底的碳化则是石墨和钻石,形成条件也许更加苛刻。

电池与燃料电池:表2.3是常见电池的一些典型例子,虽然负极和正极材料各不相同,但是它们具有一定的共性。负极对应的是还原剂,有活泼金属、储氢合金及碳、氢、氮之类的燃料;正极对应的氧化剂,典型的有氧气、金属氧化物及其高价化合物、氧化性金属盐。利用正负极材料之间的电势差可以产生电能,从这个角度说,电池的原理和燃烧、呼吸的原理相通,甚至可以把人体看作一个生物电池。正常情况下,人体维持一个平衡的氧化还原电位,过度饮食相当于增加了还原剂,降低了氧化还原电位,使得机体氧供应不足,造成代谢困难;过度吸氧相当于增加氧化剂,提高了氧化还原电位,损伤机体细胞和组织。两种过度情况都会对机体造成损害。

表2.3　常见电池的正负极材料

	负极/还原剂	正极/氧化剂
活泼金属	Zn	MnO_2、HgO、Ag_2O K_2FeO_4、$BaFeO_4$ AgCl、$CuSO_4$
	Pb	PbO_2
	Cd	NiOOH
	Li	MnO_2、SO_2、$SOCl_2$
储氢合金	MH	NiOOH
燃料	H_2/CH_4/CH_3CH_2OH/CH_3OH/CH_3COOH/NH_3/CH_4N_2O/$C_6H_{12}O_6$	O_2

综上所述,燃烧与呼吸的确存在着内在的关联。不仅如此,食物的烹饪、水体的腐臭、煤炭石油的形成、电池或燃料电池,背后都存在着共性的本质。这种关联性的思考有助于创新思维的产生,有助于新思想、新思路、新创造的出现。

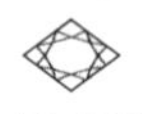

炼丹术炼金术之思考

对物质认识的共通性

西方炼金术起源于美索不达米亚和古埃及,通过犹太民族和阿拉伯人传播到欧洲并发扬光大。中国炼丹术由本土发展而来,可能通过阿拉伯人、波斯人和西方炼金术有过间接交流。无论是西方炼金术还是中国炼丹术,它们都有三个共同的目的:炼制黄金,获得取之不尽的财富;炼制丹药,获得长生不老的生命;探究世界与人体的奥秘,达到"天人合一"的境界。第三个目的颇有科学的意味。其实,我们所有的科学研究都是为了探究世界和生命的奥秘,并在此基础上开发各种产品或技术,方便人类生活,延长人类寿命,造福人类自身。

西方炼金术和中国炼丹术除了在目的方面几乎一致,它们的哲学思想也极为相似。

两者都认为"一"是世界的本源。"一"表示一个源头、一个基本单元、一个整体、一个规则等含义。中国哲学称之为太极、道、虚、空、混沌、太始、太一、元、天、气、玄、心等,现代科学称之为奇点、能量、混沌、大爆炸、原子、意识等,尽管两者看问题的角度各不相同,但都是在阐释"一"的思想。

两者都有二元对立统一的思想。中国炼丹术称之为阴与阳、硫与汞、汞与铅、龙与虎、朱雀与玄武等,而西方炼金术称之为红与白、硫与汞、汞与铅、鹰与狮、干与湿、太阳与月亮、黄金与白银、白天与黑夜、光明与黑暗、上与下等,可以看出它们之间的相似性乃至一致性。比如,两者都有阴阳、硫汞、汞铅的思想。而且炼丹术中的龙是天上的王,虎是地上的王,完美对应炼金术中的鹰与狮,因为鹰也是天上的王,狮是地上的王。化学中充满了二元对立统一的概念或思想,如氢和氧、阴与阳、正与负、氧化和还原、酸和碱、亲与疏等。

两者都有三分的思想。中国文化中有"天、地、人","上、中、下","左、中、右","福、禄、寿","三才穴","三才汤","三酸图","三教合一"等;而西方哲学有"硫、汞、盐","身心灵","欲望、意志、理智"等。

两者都有四分的思想。中国有东、西、南、北,春、夏、秋、冬,青龙、白虎、朱雀、玄武,以及地、水、风、火之说;西方则有土、水、气、火四元素论。它们可以近似地对应固体、液体、气体和等离子体或者能量。

进一步细分,在西方有太阳、月亮、金星、木星、水星、火星、土星七星体的思想,构成了炼金术的重要理论基础。中国的阴阳五行与七星体完美对应,因为太阳为阳、月亮为阴,其余五星完美对应五行。

西方炼金术及中国炼丹术都有硫与汞、汞与铅两套理论与实践体系。在硫汞体系中,硫为黄色,对应太阳,为阳;汞为银白色,对应月亮,为阴。在汞铅体系中,汞是挥发性的、轻盈的,为阳;铅是沉重的,为阴。

无论是西方炼金术还是中国炼丹术,都与医学产生了直接关联。在罗马神话中,众神的使者墨丘利既是炼金术的守护神,也是医学的守护神。墨丘利手持的单蛇杖常常和古希腊、古罗马医神的单蛇杖混杂在一起,在西方许多医科大学或医疗机构的徽章中都有采用。西方炼金术和中国炼丹术都把自身和医学、药物、天文、历法、地理、神话、信仰等元素关联成一体。在西方,炼金术士是医师、药剂师;在中国,炼丹道士是郎中、草药师。可见,早期医药同源、丹药同源。

古希腊医学家希波克拉底是西方医学的奠基人,他所著的《希波克拉底文集》堪称人类医学史上的伟大经典作品。基于四元素论，希波克拉底提出了四体液理论或体液学说，为医学心理疗法提供了一定指导基础。他认为，人体由血液、黏液、黄疸、黑胆四种体液组成，人的健康是四种体液和谐平衡的结果，如果体液失衡就会导致疾病，体液也会影响性格。

瑞士医生、炼金术士和占星师帕拉塞尔苏斯，被认为是医学化学的始祖。他把医学和炼金术结合起来，认为炼金术把天然原料加工成适合某种要求、对人类有用的产品，而这正是药剂师的职责。他以水银、硫黄和盐为象征，提出人体三元素理论，认为三元素不平衡会产生疾病。他研究无机物质的分离、提纯及其化学转变，对药物中有效成分进行分离，指出白矾和蓝矾的区别、二氧化硫的漂白作用、铁与硫酸作用会析出气体等化学现象。

有趣的是，与三元素理论类似，中国藏医药的基本理论是"三因学"。"三因"指"隆""赤巴"和"培根"。其中，"隆"指气和风，"赤巴"指火和胆汁，"培根"指土、水和黏液。从人体中的功能来说，"隆"维持生命存延、气血运行、肢体的活动和食物分解，"赤巴"产生和调节体温、保持气色，产生智慧、帮助消化，"培根"提供营养、生长脂肪、调节皮肤、保障睡眠。这三种因素的平衡才能保证健康，否则就会产生各种疾病。类似地，苗族医药学认为世界上的一切事物都是由"搜媚若""各薄港搜""玛汝务翠"三要素构成，大致对应能量、物质，以及物质各组分之间的关联及其整体结构，这种认知具备一定的合理性与先进性。五基成物学说认为，最基本物质形式只有光、气、水、土、石五种。与土、水、火、风(气)四元素论和金、木、水、火、土五行理论截然不同的是五基成物学说竟然包含了对"光"这一物质的认识。

比利时炼金术士和医生海尔蒙特(Jan Baptista van Helmont)被公认为"生物化学之父"，他是第一个用化学去了解人体生理过程并提出医治方法的人。他认为化学的定量分析能使医学更加精确。他用体外化学实验研究体内生理现象,把管子伸入胃中抽取胃液,研究胃液对食物分解的功能。从中,他发现胃液过多会造成身体不适,可以用碱来中和治疗。他还通过尿酸与钙作用产生白色晶体的实验,模拟人体内肾结石、胆结石的形成过程。

20世纪60年代,美国与越南在炎热的东南亚战场上征战,因疟疾死亡的士兵人数远超过战争本身的死亡人数,双方饱受疟疾之苦。肆虐的疟疾令士兵对奎宁产生了抗药性,全世界都在寻找有效的抗疟疾新药。中国收到了越南的求助。时任中医研究院中药抗疟研究组组长的屠呦呦带领团队走访民间中医,查阅中医药古籍,最终确定了中药青蒿为重点研究对象。一开始,他们采用传统的高温煎煮的方式,但是获得的青蒿提取物对鼠疟原虫的抑制率并没有达到理想的效果。进一步查阅典籍,她发现东晋医药学家葛洪在《肘后备急方》中写的一句话:"青蒿一握,以水二升渍,绞取汁,尽服之。"屠呦呦想:古人对青蒿采用简单的绞取榨汁方法,难道高温会影响青蒿中的有效成分? 于是,她提出用沸点低的乙醚来萃取青蒿素,结果发现对鼠疟、猴疟疟原虫的抑制率达到了100%。2015年,屠呦呦因"发现青蒿素,开创疟疾治疗新方法"而荣获诺贝尔生理学或医学奖,成为首位获得科技领域诺贝尔奖的中国本土科学家。在领奖台上,屠呦呦引用了毛主席的话:"中国医药学是一个伟大的宝库,应当努力发掘,加以提高。"

在漫长的历史长河中,人类探索世界、认识自然、了解生命,从原始认知逐步发展出化学、医药学等科学。我们需要注意的是,无论是什么民族、什么国家、什么文明,在其早期医药学的探索与实践过程中,所用药物无一例外地都取材于自然界中固有的矿物、动物或植物,普遍认识到人与自然的关联性和相通性,认识到环境与健康之间的关系、身体与心理之间的关系、医技与医德之间的关系。尽管早期医药学与巫术、炼金术、化学、哲学等常常混为一体,科学与迷信混杂难分,但是这些认知与实践仍然充满智慧的闪光。去粗取精、去伪存真,扬弃地吸收与借鉴才是学习医药史的正确态度。

分形论与无规则振荡

大自然无所不在地相似

从前有座山，山上有座庙，庙里有个老和尚，老和尚讲故事：

从前有座山，山上有座庙，庙里有个老和尚，老和尚讲故事：

从前有座山，山上有座庙，庙里有个老和尚，老和尚讲故事：

…………

这是一个老掉牙的无限循环的故事了，每一个老和尚的故事里都在说有一个老和尚在讲故事，也就是说，每一级都和它的下一级相似，或者说局部与整体相似，我们称其为“自相似”。

在几何图形上，这种局部与整体的自相似又被称为分形。根据自相似性的程度，分形可以分为规则分形和非规则分形。

先来看两个规则分形的几何图形。一个例子是，在一条直线中的三分之一处等长线段隆起，得到第二个图形；在第二个图形中的每一条线段重复第一步的隆起；依次迭代无穷，这样得到的图形被称为“科赫曲线”（图2.6左）。

另一个例子是，连接正三角形三条边的中点构成一个小三角形，在剩下的以三个顶点为角构成的小三角形中，按照刚才的规则继续镶嵌一个倒立的小三角形，依次迭代无穷（图2.6右）。

每一级的变化都和下一级具有严格的自相似，即规则分形。

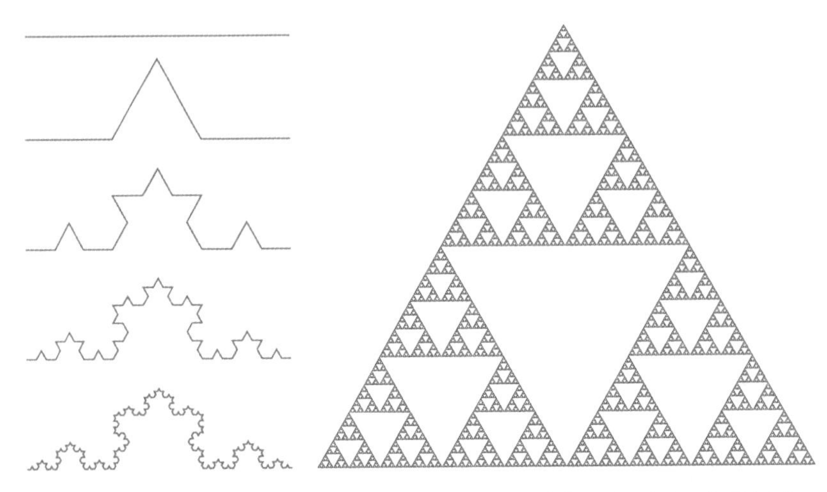

图2.6　无限迭代、自我相似的科赫曲线(左),无限内嵌倒三角形的三角形(右)

那什么是非规则分形呢?

从心脏流出的富氧血液经动脉输送到全身各处,从大动脉到中动脉,然后流向其分支小动脉、微动脉,再流向静脉,一直到毛细血管。每个节点都有进一步分叉,每个节点和下一级节点都表现出一定的相似性。这种自相似的多级分叉确保人体将氧气和养分输送到其每一个局部。

树木的生长也是如此,往下生长的树根不断分叉,确保从土壤获得充分的水和养分;向上生长的树干不断分叉,确保每一片树叶都能接收到阳光的能量或者发生呼吸代谢。这种分叉其实取决于树木中物质、能量和信息的协调。

它们的分形规则是大致的、统计学意义上的自相似,故被称为非规则分形。

1967年,曼德尔布罗(Benoit Mandelbrot)在美国《科学》(*Science*)杂志上发表了题为"英国的海岸线有多长?统计自相似和分形维度"(How Long is the Coast of Britain? Statistical Self-Similarity and Fractional Dimension)的论文,标志着分形理论的诞生。当人们测量英国海岸线长

度的时候,如果用1千米长的尺子去量,那么岸边一个约1米见方岩石突出的长度就可以忽略;如果用1米的尺子去量,这个1米见方岩石突出的长度就不能忽略,但是如果表面有个1厘米见方的石子,那么它突出的长度则可以忽略;如果换成1厘米的尺子去量,那么人们就不能忽略那个1厘米见方的石子突出的长度;继续用更小的尺子去量,仍然有相似的情况。那么,问题来了:英国的海岸线到底有多长?这其实是一个非规则分形的典型案例,与山川、河流、云朵、心电图、胃黏膜突起等形状的轮廓类似,其特征是不规则、不光滑的非线性轮廓线。若对其进一步放大,它仍然是不规则、不光滑的非线性轮廓线,并同规则分形类似,同样表现出局部与整体的自相似。在此基础上,曼德尔布罗创立了分形几何学,并由此发展出分形理论。

其实,分形或者自相似理论在中国传统文化中无处不在。老子的"道生一,一生二,二生三,三生万物"也是分形思想的体现。在"一"的基础上进行细分,有阴阳、三才、四象、五行,无一不是应用于所有领域,如此一切事物便建立了普遍联系。

在佛学理论中,有大千世界、自我具足、一花一世界之说,体现了局部与整体的统一,微观与宏观的统一。一日月照四天下,为一小世界;一千个小世界为一小千世界;一千个小千世界为一中千世界;一千个中千世界为一大千世界。一大千世界有小、中、大三种千世界,故称三千大千世界。这也是自相似的体现。

拿中国的阴阳理论来说,任何事物都可以进行阴阳的划分,而在此基础上还可以继续划分,即阴中有阳,阳中有阴,无限迭代,也是自相似。

除此之外,法天象地塑造品德和治理国家,取象比类中医用药,师法造化水墨国画,制器尚象承载文明……都蕴含自相似的思想。

山东大学哲学系张颖清教授经过大量的观察和实验研究,于20世纪80年代发现了生物体从细胞到整体之间普遍存在中间结构层次并具有内在联系，由此提出全息胚的概念，创立了全息生物学。他认为，生物体的整体由部分组成，部分在结构和组成上与整体相似，含有整体的全部信息。这些信息在形态学、病理学、生理学、生物化学和遗传学等方面均有表现。龙生龙，凤生凤，老鼠的儿子会打洞，父母对子女的遗传体现自相似和生物全息性；蚯蚓、蚂蟥切断再生，植物组织培养，种子生长为新的植株，体现自相似和生物全息性；利用细胞克隆出整个个体，意味着单个细胞蕴含着整体的遗传信息，只是由于技术水平的限制，目前只能对特定的细胞进行克隆，这也体现自似性和生物全息性。生物全息论是在中国传统哲学思想上发展起来的整体论思想，它对生物学甚至整个科学研究具有重要的借鉴意义，它的理论价值有待于人们重新认识。

前面我们提到了数学及生物学上的自似性，那么化学领域有自相似现象吗？

元素周期表中就有很多自相似，比如同一族元素核外电子及其化学性质的相似性，同一周期元素原子半径、电负性及化学性质的周期性，不同周期之间化学性质变化的相似性，等等。

肥皂从油脂中制备，又用于洗涤油脂，利用的是相似相溶原理，这是自相似；地球上的各种物质，无论是岩石、土壤、树木、人体、汽车、计算机，都是由各种元素组合而成，都有基本的原子单元，这也是自相似。

除此之外，树枝状分子是一种规则性分叉，体现自相似；导电聚合物在电场刺激下的树枝状生长，体现自相似；振荡反应是一种周期性现象，体现自相似；金属表面的无规则腐蚀或针刺式腐蚀也体现自相似；生物体内分子或者原子的含量，空气中各种气体的含量，在一定范围内呈现无规则振荡，是平衡与非平衡的统一，这种无规则、非线性同样是一种自相似。

仿生、仿自然的新材料中也蕴含自相似的思想。鸭绒的保暖在于绒羽的多次分叉所形成的独特结构，它能够锁定大量的空气，起到隔热保暖作用。模拟绒羽的分叉结构，采用相近的分形维数生产的人工纤维具有极好的保暖性能。而且具有多级分形结构的催化剂及其载体具有较高的比表面积和扩散效率，有助于目标分子和催化剂表面的接触以及产物的及时离去，具有较高的催化效率。

分形理论或者自相似理论在化学、材料、生物、医学、环境等领域中一定会发挥巨大的作用，为造福人类做出贡献。

看大自然充满节奏感

无处不在的周期性

陕西靖边波浪谷有一种壮观的地质现象，红色的砂岩层层叠叠，呈现独特的环状或层状结构，让人感受到千百万年风、水和时间的雕琢（图2.7）。这种结构在地质上被称为李泽岗环（liesegang ring）。

图2.7　陕西靖边波浪谷自然景观

我们还可以在自然界发现很多类似的环状或层状结构，比如，玛瑙的环状条纹、树木的年轮、水波纹及其在岸边沙土上留下的波痕（图2.8），甚至光或微观粒子的干涉条纹……这背后的原因各有不同，但其中的共同之处是大自然的周期性。

大自然充满节奏感！与时间关联的周期性现象在大自然中普遍存

图2.8 沙滩上的波痕(左)、玛瑙(右上)、树木的年轮(右下)

在。日升日落、四季轮回、月圆月缺、潮消潮涨、老蚌明珠,无一不是与时间相关的周期性现象!

化学中也存在一种有趣的振荡反应。在相应反应的过程中,物质组分的浓度会忽高忽低,呈现周期性变化。

著名的钠跳反应就是一种周期性化学反应。在盛有水和煤油的试管中放入一小块钠。由于水的密度大于煤油,因此水在下,煤油在上。钠的密度在水和煤油之间,钠进入煤油后迅速下沉,一旦接触到水,钠便迅速和水发生剧烈反应,产生氢氧化钠和氢气,氢气附着在钠的表面带动钠块上升到煤油表面,在此过程中释放氢气,然后再次下沉,如此循环,呈周期性跳跃。

1921年,美国加州大学伯克利分校的布雷(William Bray)用碘做催化剂研究过氧化氢的分解,他注意到系统中碘的浓度及氧气的生成速率均随时间产生周期性变化。这是人类首次正式发现化学振荡反应,但遗憾的是,该现象在当时并未引起重视。

20世纪五六十年代,俄国化学家别洛索夫(B. P. Belousov)和扎鲍廷斯基(A. M. Zhabotinsky)先后报道了一种有趣的化学反应:以铈离子作催化剂,在酸性条件下柠檬酸被溴酸钾氧化时,溶液在无色和淡黄色两种状态间发生周期性振荡。该反应被称为BZ反应(Belousov-Zhabotinsky reaction),后来也叫作化学钟。

现代动力学奠基人、比利时诺贝尔奖获得者普里戈金(Ilya Prigogine)领导的布鲁塞尔学派于1969年提出了著名的耗散结构理论。该理论认为体系远离平衡态时,在特定的动力学条件下,无序的均匀定态可以失去稳定性,产生时空有序的状态。这种状态被称为耗散结构。在化学振荡中,浓度随时间和空间有序的变化可以看作一种化学波,这从热力学上证明了化学振荡反应的机制。化学波和物理波的关联值得深思。振荡反应的研究有助于我们理解自然、生命和社会中无处不在的周期性振荡现象。

大自然充满节奏感!它不止于周期现象,还有诸多有序的结构(图2.9)。

在原子层面,有各式有序排列原子的金属晶体和原子晶体。1990年,IBM公司利用STM针尖移动吸附在金属镍表面的原子,将35个氙原子排布成"IBM"三个字母,每个字母高5纳米,每个氙原子间最短距离

图2.9 元宵(左上)、MnS纳米颗粒(右上)、昆虫复眼(左下)、蜂巢(右下)

约为1纳米。人类模仿自然,通过原子的搬迁实现了原子排列的有序化。这意味着人类有可能创造自然界中不存在的分子或物质,也意味着人类有可能实现原子水平的可控性。

在分子层面,有分子自身折叠而成的有序结构,也有分子之间相互作用形成的有序结构。比如,蛋白质的多级折叠、抗体的Y形、两亲性表面活性剂形成的肥皂泡、硫醇在金属表面有序排列……这些内容一般被认为是我们通常所说的分子自组装的主要内容。

在生命层面,以磷脂双分子层为主的细胞膜及整个细胞、组织、器官、系统、生命体,都可以看作宏观体系下的有序组织。这一结论或许从它们的英文名称中就可以看出一二。比如,细胞的英文是cell,原意为小格子,最早在显微镜下看到的植物细胞就是一格一格整齐排列的有序结构;组织的英文是tissue,但是作为动词组织的英文是organize,本身就是有序化的意思;器官的英文是organ,organize的名词形式,意思是由细胞和组织构成的有序体系。昆虫的复眼即具有明显的有序性。

在非生命领域,蜂巢是一种有序结构;通过控制反应条件,人工合成圆形、立方体、多面体、线状、片状、花状、放射状等各种形状的纳米材料,也是一种有序组织;美轮美奂的晶体宝石又何尝不是自组织行为的结果呢?

有序和无序的统一构成了整个自然界,从广义上说,无序又何尝不是一种特殊的有序呢?

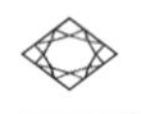

海纳百川之水的智慧

没有什么比水更能体现中国人的智慧

老子的《道德经》中有"上善若水",意思是说最高的境界就像水一样。因为"水善利万物而不争,处众人之所恶,故几于道"。

天降甘露时雨,不私一物;地载醴水清泉,滋养众生。恩被天下,功成弗居。

功高却取谦卑之势,不傲不争,俯流居下,故而让成江海以大。又云泰山不让砾石,江海不辞涓流,方有海纳百川,有容乃大。

水适应环境,随形就变,处方为方,处圆则圆。水适应地势,或静或动,为泉、为溪、为河、为江,为渊、为潭、为湖、为海、为洋。水有三态,为冰、为水、为汽,遇热升腾为汽,受寒凝而成冰,随适节气昼冥,为云、为汽、为虹、为雨、为雾、为霜、为雪、为霰、为冰,随形就态,千变万化,恣意江湖。

大漠乌云卷,沙鸥翻飞急;非是觅食忙,缘得雨消息!

日落滹沱河,山雪摇滟波;时时飞鹜起,行行作长歌!

水性至清,涤浊万物,以自垢换取天地清明。澄澈挥发,又成洁净之身。"沧浪之水清兮,可以濯我缨;沧浪之水浊兮,可以濯我足",正所谓:清浊何须分辨?灵明当下自然。

水性至柔,抽刀断水水更流,刚强其奈我何?水性至柔,柔能克刚,水滴可以石穿,抟石而成鹅卵,骇浪惊涛拍岸,崩云裂雨溃堤。

水性至慧，遇阻则绕之、冲之、溢之、渗之，此地升腾为汽、为云；彼处俯降为雨、为水。勇往直前，百折不挠，不达目的决不罢休。

水为阴、火为阳；水为坎、火为离。鼎内五味调和，以就众生口腹之美；炉中日月相激，方成各家百转还丹。阳光雨露、阴阳和合，万物生焉；坎离相交，水火既济，大功成兮。

水因山而成势，山因水而显秀。白雪冠山巅，飞瀑泄流泉。老松卧奇石，深潭照古月。仁者爱山，白云深处听松涛；智者乐水，怪石潭边观月影。

中国古人观察客观世界所形成的哲学思想认为：域中有四大，是为土、水、火、风；天地分五行，是为金、木、水、火、土。这两种理论都把水作为物质世界的本原之一，可见水的重要性和特殊性。

无独有偶，古希腊、古印度、古玛雅文化中也都有土、水、火、气的四元素论思想，体现了人类认识世界万法归一的特点。更加巧合的是，古希腊哲学家泰勒斯认为“水生万物，万物复归于水”，而他最著名的一句话是：“水是最好的。”若是时空可以扭曲，人类可以穿越，泰勒斯与老子相遇，他们会不会击掌而歌、相视大笑呢？正所谓伯牙子期一相逢，高山流水遇知音！

认识水的特性，获得水的智慧，塑造水的品德，为格物的精髓。

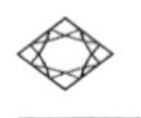

波粒二象与质能关系

正反两面共存于一枚硬币上

五个盲人，从来没有看见过大象。有一次，他们遇到了大象，决定感受一下大象的模样。第一个人摸到了大象的耳朵，说："原来大象就像一把扇子啊！"第二个人摸到了大象的大腿，说："不对，大象像一根柱子！"第三个人摸到了大象的尾巴，说："不对，大象就像一根绳子！"第四个人摸到了大象的鼻子，说："不对不对，我觉得大象像一条蟒蛇！"第五个人摸到了大象的身体，说："不对，大象明明像一堵墙嘛！"同一头大象，五个人得出了五个不同的结论。我们常常用这个故事来说明个人认知的局限性，只感受到自己所能感受到的一点点，却以为自己认识到全部真相，这在明眼的旁观者看来，岂不是一件很可笑的事情吗？

然而，且慢取笑这几个盲人！我们可以从另一个角度来解读这个故事。每个人感受到的虽然是有限的，但确实也是大象的一部分。若把这五个人的感受结合起来，不就是整头大象吗？或者至少更接近整头大象，更接近真相。当两个人为了某件事情发生争执或争吵时，是不是也因为每个人都有自己的局限性和倾向性，执着于自己的认知呢？若将双方的意见结合起来考虑，往往更接近真相。当然，这并非机械地结合，而是有机地、辩证地结合，有时候也要识别和分辨其中假象和谎言的部分。

与盲人摸象类似的一个例子是波粒二象性理论的确立。最初，有的人认为光具有波动性,有的人认为光具有粒子性,两派争执不休,各有实验现象来支撑各自的观点。最后,爱因斯坦(Albert Einstein)通过光电效应证实了光的波粒二象性。在此基础上,德布罗意(Louis de Broglie)进一步提出,一切微观粒子,包括电子、质子、中子,都具有波粒二象性。当光从两个不同的方向照向一个圆柱体时,其投影分别是方形和圆形,这就是从不同的角度看问题所得到的有限认知,无论是方还是圆的投影,都统一在圆柱的本体中。其实,不只微观粒子有波粒二象性,宏观物体也有波粒二象性,只是微观物体波的性质更显著,宏观物体粒子的性质更显著而已。

爱因斯坦的质能方程 $E = mc^2$,表述为物质的能量等于物质的质量和光速平方的乘积。爱因斯坦第一次揭示了质量和能量的关系,打破了质量守恒的传统认知。质量和能量,两个原来毫不相关的基本物理量,被爱因斯坦通过光速的二次方这个因子,直接等价了起来。爱因斯坦说:“这个方程遵循狭义相对论,质量和能量都是同一事物的不同表现形式。”这个等式彻底改变了人们对世界的认识,我们甚至可以说,质量就是能量,能量就是质量,就像一枚硬币的两个面。

有意思的是,化学中有许多概念在本质上也是统一的。比如,同为分子间作用力的取向力、诱导力、色散力。取向力是在极性分子与极性分子之间,由于固有电偶极之间的作用而产生的分子间力;诱导力是在极性分子与非极性分子之间,由于固有偶极和诱导偶极之间的作用而产生的分子间力,在极性分子与极性分子之间也存在诱导力;色散力是在非极性分子与非极性分子之间,由于相互靠近,电子和原子核不停运动所形成的瞬间偶极之间的异极相吸而产生的分子间力,在非极性分子与极性分子、极性分子与极性分子之间,也存在色散力。

概括来说,取向力发生在两个极性分子之间,诱导力至少有一个极性分子,色散力不限极性分子和非极性分子。

又如,同属化学键的共价键和离子键在本质上也是统一的。共价键是两个原子共同使用它们的外层电子,在理想情况下达到电子饱和的状态,由此组成的比较稳定的化学结构;离子键是指阴离子、阳离子间通过静电作用形成的化学键。形成共价键的两个原子在元素周期表中距离较近,甚至是同一个元素,彼此间的电负性差值较小,一般要远小于1.7(大概数值),如NO和Cl_2。形成离子键的两个元素在元素周期表中距离较远,电负性差值一般要远大于1.7,典型的是第一、第二主族的元素和第七主族元素形成的化合物,如NaCl、$MgCl_2$等。那么,两个元素相隔不远不近,电负性差值则相差不大,一般约为1.7,这就是介于共价键和离子键的状态,既有一定的共价键成分,也有一定的离子键成分,或者向某个方向偏一点。$AlCl_3$的Al原子和Cl原子电负性相差1.5,所以它们之间是含有一定离子键的共价键,而Al_2O_3的Al原子和O原子电负性相差2,是含有一定共价键的离子键。由此可见,共价键和离子键之间并无绝对的界限,它们取决于两个原子对外层电子的相对作用力,取决于化合物中离子键和共价键所占的百分比。所以,有的化学键是典型的共价键,有的是典型的离子键,还有很多既有共价键又有离子键。

配位键也可以看成是一种特殊的共价键。当共价键中共用电子对是由其中一原子独自提供的,另一原子提供空轨道时,就形成配位键。我们可以把化学键类比为夫妻二人的相处模式:共价键是夫妻双方各拿出同等金额,双方共用;配位键是夫妻一方拿钱,另一方没钱,但双方共用;离子键则是夫妻一方钱多,一方钱少,钱少的人把钱都给了钱多的,自己不用,仅钱多的用。

说到这里,我们还可以看几个典型的含氧酸例子。如HNO_3、H_2SO_4、$HClO_4$,这种写法使人误以为H原子分别和N、S、Cl直接连接在一起,其实不然,正确的写法应该是:O_2NOH、$O_2S(OH)_2$、O_3ClOH。这意味着H是和O直接连接在一起的，而O分别和N、S、Cl连接在一起。

H和O连接在一起，和碱的OH^-非常相似，以HNO_3和NaOH为例：

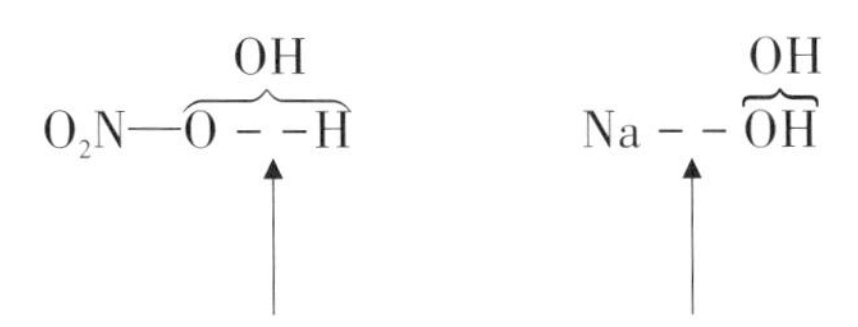

对于HNO_3来说，O和N之间是共价键，作用力较强，H和O之间趋向于离子键，作用力较弱，很容易解离出H^+，呈酸性；对于NaOH来说，H和O之间为共价键，作用力很强，O和Na之间为离子键，很容易解离出OH^-。

因此，酸碱的本质都是形如“X—OH”的结构，取决于“X—O”和“O—H”之间作用力的相对强弱。如果这两组作用力相差不大，就会形成酸碱两性的氢氧化物，比如$Al(OH)_3$和$Zn(OH)_2$，也可以分别写作H_3AlO_3、H_2ZnO_2，前一组表明碱性，后一组表明酸性，其实是同一个物质既有酸性又有碱性。这里用中间状态来说明酸碱的统一性。

氢氧根写作OH^-，羟基写作—OH，一个体现无机物的碱性，另一个是有机物的基团。很多人都觉得它们之间应该有点渊源，但是又说不出来具体是什么。还是用下面几个典型的例子来寻找线索吧：

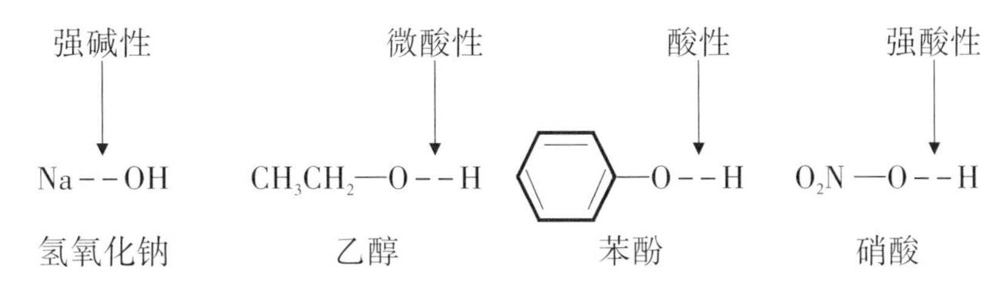

NaOH是从Na和O的中间解离，释放OH^-，表现强碱性。

醇羟基从O和H的中间微弱解离，释放微量H^+，表现微酸性，具体强弱取决于相连的主体分子对羟基的作用力大小。醇羟基的酸性按伯、仲、叔醇的顺序减弱。金属钠和乙醇反应时，乙醇就显现出微酸性。

酚羟基从O和H的中间解离，释放H^+，表现酸性，因为酚羟基连接在苯环上，而苯环与酚羟基中O的p轨道上的电子产生共轭效应，使酚羟基上的电子云密度降低，更易电离出H^+。

硝酸从O和H的中间解离，释放H^+，表现强酸性。

在配位化学中，类似$Cu(OH)_4^{2-}$的物质被称为羟基化合物。

由此可见，OH^-与—OH具有统一性，酸与碱也具有统一性。

溶液和胶体的关系也是如此。表面看来这是两个完全不同的概念，其实本质是统一的。以水作为溶剂，我们知道，溶液是可溶性物质在水中离子或分子水平的分散，而胶体是颗粒水平的分散，一般来说，颗粒大小在1—100纳米。那么，问题产生了：0.99纳米算胶体吗？101纳米算胶体吗？这让我想到，我的头发很少，而我是从什么时候开始算头发很少的呢？10 000根算少吗？多一根算多吗？少一根算少吗？多几根才算多？少几根才算少？仔细想来，似乎不存在这样的界限，或者说这个界限是模糊的。

注意这个词"一般来说"，是万万不能省略的，说明1—100纳米只是个大概的范围，而不是绝对的范围。小于1纳米更接近溶液，大于100纳米更接近悬浊液。其本质是，在1—100纳米的范围内，由于颗粒足够小，质量足够小，表面电荷影响足够大，形成的一种近似溶液的亚稳态均匀分散体系。说它为近似溶液，是因为它表面上像溶液一样均匀分散，呈现透明的外观，但是在光的照射下，由于颗粒的存在会引起光的散射和反射，从而形成一条清晰的光路(即丁达尔现象)，而这个是溶液没有的；说它为亚稳态，是因为胶体有一定的稳定性，有的甚至能维持很长一段时间，但毕竟还是不能和溶液相比。溶液是离子或分子水平的分散，意味着比胶体的颗粒更小。

但是问题又来了！分子有大有小，小分子很容易溶于水形成溶液，如葡萄糖、尿素、甘油等。可是大分子呢？特别是相对分子质量大到一定程度，分子的尺寸超过1纳米呢？甚至超过100纳米呢？比如，牛血清白蛋白的相对分子质量为66 430道尔顿,直径大约为6纳米,显然它更接近胶体的定义了。又如,酪蛋白在乳中形成的酪蛋白酸钙-磷酸钙复合体胶粒直径为30—800纳米,大的复合胶粒存在,那它几乎就是悬浊液了。所以,仅仅是分子就横跨了溶液、胶体和悬浊液三界,可见这三种液体之间并不存在截然的界限,而是之间存在渐变的过程,如从溶液到胶体都是透明的,但是典型的胶体具有清晰的丁达尔效应,溶液却没有。在溶液到胶体的过程中,有时候颗粒足够小,丁达尔效应不显著,只是出现隐隐约约的光路,这就是中间状态。另外,还要说明的是,并非1—100纳米的颗粒都能形成胶体,有些分子颗粒水溶性很差,即使在这个尺寸范围也无法在水中均匀分散;大于100纳米也不是绝对不能形成胶体,特别是比100纳米稍大一点的颗粒,如果通过表面修饰,增加其表面的亲水性,也可以形成均匀分散的胶体。

第三篇

咬文嚼字觅真意

化学知识解读汉字青

文字是一切知识的总和

青草之青为绿色，青丝之青为黑色，青出于蓝的青是蓝色。一个“青”字为什么对应这么多颜色呢？蓝色较为符合人们对天空的常识认知，那为什么古人把蓝天叫作青天呢？

青字甲骨文　青字金文　青字小篆　丹字甲骨文　井字甲骨文

比较青、丹和井的甲骨文可知，青字上“木”下“丹”，意思是矿井中所产的一种矿石，颜色同草木之绿色。太阳每天从东方升起，照耀大地，草木生发。古代五行理论认为，东方属木，对应草木之色。故《说文》云：“青，东方色也。”《周礼》曰：“正东曰青州。”体现了古人对含铜矿物与草木之间的颜色关联，代表了生发、生长、生命等含义。

汉代墓葬常有镇墓瓶，内置五石，对应五色、五方、五行：曾青青色、丹砂红色、礜石白色、磁石黑色、雄黄黄色，分别代表东、南、西、北、中及木、火、金、水、土。魏晋在《太清石壁记》中写道：“曾青者，东方青帝木行青龙之精。丹砂者，南方赤帝火行朱雀之精。白礜石者，西方白帝金行白虎之精。磁石者，北方黑帝水行玄武之精。雄黄者，中央黄帝土行黄龙之精。”

由于矿石共生现象的存在，青也可以指一系列含铜矿石，并且因其成分和结构的不同呈现出从绿到蓝的一系列颜色，分别称为空青、扁青、绿青、曾青、大青、石青、碧青、白青、鱼目青、杨梅青、青臒等。"青"字也因此扩展出相应的含义，用于这些颜色的指代。

含铜矿石在一定条件下，可发生缓慢或快速的化学反应，会产生成分和结构的变化或转变，导致相应颜色的变化，如《淮南万毕术》中云："白青得铁，即化为铜也。"此外，古人对方物及其颜色的认知并非基于严格的科学分类，各类名物之间也存在一定的借用、错用、混用和乱用。有时一块矿石上也会存在几种颜色的含铜化合物。这进一步说明了青颜色复杂的原因。

可以肯定的是，古人最初造"青"字就是为了表示这些含铜矿石及其颜色。他们采集矿石用于颜料、化妆、炼丹和冶金等。下面，让我们一同走进"青"的世界（彩图3）。

曾青，又名层青、朴青、白青、石胆、胆矾，具有蓝绿相间的条纹，主要成分为硫酸铜，也有可能含有一定的碱式碳酸铜。《本草纲目》中记载："曾，音层，其青层层而生，故名。或云，其生从实至空，从空至层，故曰曾青也。"

扁青，又名白青、碧青、绿青、鱼目青、石青、大青，主要成分为碱式碳酸铜。《唐本草》中写道："此扁青，即陶谓绿青是也。朱崖、巴南及林邑、扶南舶上来者，形块大如拳，其色又青，腹中亦时有空者。武昌者片块小而色更佳。简州、梓州者形扁作片而色浅也。陶所云白青，今空青圆如铁珠，色白而腹不空者是也。研之色白如碧，亦谓之碧青，不入画用，无空青时亦用之，名鱼目青，以形似鱼目故也。"《本草纲目》中也有记载："扁青，苏恭言即绿青者，非也，今之石青是矣。绘画家用之，其色青翠不渝，俗呼为大青，楚、蜀诸处亦有之。而今货石青者，有天青、大青、西方回回青、佛头青，种种不同，而回青尤贵。"

绿青，又名石绿、石碌、大绿、孔雀石，有翠绿、草绿及暗绿等色，主要成分为碱式碳酸铜。常为钟乳状、肾状、放射状、丝状、壳皮状、致密状、土状、粒状等。陶弘景曾说："绿青，即用画绿色者，亦出空青中相带挟。今画工呼为碧青，而呼空青作绿青，正反矣。"《唐本草》中写道："绿青，即扁青也。画工呼为石绿，其碧青即白青也，不入画用。"《本草图经》中记载："绿青，今谓之石绿。"

空青，又名青油羽、青神羽、杨梅青、青要女，有绿、孔雀绿、暗绿色等，主要成分为碱式碳酸铜，因其形圆中空而称为空青。《本草图经》中记载："空青，生益州山谷及越嶲山有铜处，铜精熏则生空青。今信州亦时有之，状若杨梅，故别名杨梅青。其腹中空，破之有浆者绝难得。"

铜青，又名铜绿、生绿，青绿色，主要成分为碱式碳酸铜和碱式乙酸铜，即铜器上所生的绿锈。人们常将醋喷在铜上，加速其生成绿色的锈，然后刮取铜锈，并将其晒干入药。或为天然的孔雀石及糠青与熟石膏加水拌和压成扁块的加工品。

青也可表示具有类似颜色的颜料或染料。一些蓝色的含钴矿石染料也可以称为青，如来自西域或海外的苏麻离青，又名苏泥麻青、苏勃泥青、苏泥勃青、回回青、回青等。

丹青，常用于指代书画作品。其中，丹为朱红色的丹砂，主要成分是硫化汞，而青则是一系列含铜的矿物颜料，古人常称之为青雘，一般认为即今石青、白青之属。东汉时期天文学家、数学家张衡在《南山赋》中写道："绿碧紫英，青雘丹粟。"《史记》中也有记载："江南金锡不为用，西蜀丹青不为采。"

靛蓝/靛青："青，取之于蓝，而青于蓝。"这句话出自先秦荀子的《劝学》，其中蓝指的是绿色的蓝草，而青则是从中制得的蓝色染料靛蓝或靛青，因其工艺、成分、浓度、时间等条件的差异，在蓝色附近呈现不同的颜色分布。浅者近似绿蓝之间的青色，而深者甚至近似黑色。

青也常用于表示深绿、深青、深蓝等色彩，这些色彩浓厚者甚至近似黑色，如墨绿、藏青、蓝黑之类。“青青子衿，悠悠我心。”《诗经》中描述的先民所穿的青衣应是深蓝近黑的颜色。因此，青字也拓展出深色、黑色的含义，如青牛、青眼、青照、青丝等。

螺青，一种近黑的青色。陶宗仪在《辍耕录》中写道：“画石之妙，用藤黄水浸入墨笔，自然润色。不可多用，多则要滞笔。间用螺青入墨，亦妙。”

黛青，一种颜料，古代女子常用来画眉，如黛眉、粉黛。一般认为，黛是黑色，实际上将其解释为深青色或青黑色则更加准确，如黛绿、黛蓝、黛紫。黛眉之所以有墨眉、玄眉、青黛眉、绿眉、翠眉等名称，则是因为画眉材料的来源不一、色泽不一，如天然石墨、人工墨靛、各类铜矿石、靛蓝等。

螺子黛，又名黛螺。螺子黛来自波斯，有人说其乃张骞出使西域时引入，后来在历朝历代均为上贡珍品。有人推测，螺子黛中可能添加了从骨螺贝中提取的提尔紫（又叫推罗紫），是一种腓尼基人发明的著名紫色染料，也可调配出蓝色或黑色。也有学者认为，螺子黛是以靛青、石灰水等原料人工合成的。元代学者虞集在《赠写真佟士明》中写道：“赠君千黛螺，翠色秋可扫。”清代思想家魏源则在《武夷九曲诗》中写道：“空明寒碧内，万古黛螺洗。”诗中其色应如墨绿。

笔者认为，螺子黛可能是汉娜和青黛混合而成的黑色染色剂。汉娜是一种源于美索不达米亚和古埃及的人体彩绘染料。它从植物汉娜中提取，由此发展起来的曼海蒂彩绘盛行于中东、印度和巴基斯坦。婚嫁时，人们用汉娜在新娘的手和脚上绘上美丽的图案。青黛则在史料中多有记载，如《开宝本草》中的“青黛，从波斯国来，及太原并庐陵、南康等染淀，亦堪敷热恶肿、蛇虺螫毒。染瓮上池沫紫碧色者，用之同青黛功”，《本草纲目》中的“青黛，又名靛花、青蛤粉”等。按照一定配方混合汉娜和蓝靛也可以得到黑色的染料,用于眉毛和头发的染色。通常的靛蓝不易溶于水,而螺子黛使用的时候蘸水即可,不需要研磨,说明其制备工艺较高,所得产物具有很好的水溶性。

铜黛:由于螺子黛较为名贵,低等妃嫔或大多数贵族使用次一等的铜黛,其应该是一种含铜矿物制成的染料。唐代儒家学者颜师古在《隋遗录》中写道:“螺子黛出波斯国,每颗直十金。后征赋不足,杂以铜黛给之。”

如果青字用于描述植物的颜色,那么从最初草木出发的嫩黄到绿色、深绿都可称为青,甚至包括已经接近黑色的远山之青。而开篇我们提到的“青天”,实际上是接近色谱图中绿蓝之间的青色和浅蓝色,对应不同天气状态下天空的各种色调。

综上所述,青字本义来自含铜矿石,由于其成分和结构的不同而呈现从绿到黑的各种颜色,有绿色、青色、蓝色、黑色、深色及其中间过渡色等含义。之后扩展到具有类似颜色的其他颜料或染料上,通过原料、工艺、调配与组合,获得的一系列相关颜色,均可称为青。一个小小的“青”字,竟然藏着如此多的秘密!

五行之金曰从革考辩

古人观察事物的朴素唯物主义认知

古人根据取象比类、法天象地、天人合一的思想，对天地万物进行思考总结，并将其归纳为金、木、水、火、土五种性质。

《尚书·洪范》记有："水曰润下，火曰炎上，木曰曲直，金曰从革，土爰稼穑。"意思是说，水的性质是润湿下行，火的性质是炎热升腾，木的特性是可弯可直，土的性质是可以种植收获。这四项并无疑义，唯有"金曰从革"难以解读。通常，人们把"从"解释为顺从，"革"解释为皮革，并引申为变革之义，但这种解释令人费解。中医理论认为，肺属金，有肃杀、沉降、收敛之特性，则更加让人难以理解。

考察木之"曲""直"，土之"稼""穑"，均有相反之意；水之"润""下"，火之"炎""上"，皆有并列相承之意。可见，金之"从""革"也应相反或相承，且反映金属的性质。

而"从""革"二字可以从金属的物理性质解读。"从"为顺从，意味着金属的延展性或熔融性，能够锻造变形、浇铸成型。"革"原意为皮革，有制革之义，引申出坚硬、锋利、切割的含义，剥皮、鞣制、裁剪则衍生出改变、变革之义。这里"从""革"二字含义相反，一个是顺从、柔软，另一个是坚硬、锋利，体现金属刚柔相济的特性，正如木曰"曲""直"，土爰"稼""穑"。

由于金属的坚硬、锋利，也可以使得其他物体锻打变形、切割变形，这时“从”字则有使动之意，即“使其他物体变形”，可衍生出变革之义。“从”“革”二字并列相承，类似水曰“润”“下”，火曰“炎”“上”。

另外，“从”字还有跟随相聚之意，同“丛”，也符合金属矿体的形成，与“革”的分割、分隔之意相反。

金属坚硬、锋利，可作为刀具、兵器等。这可以很好地解释五行中金的肃杀之性，严而有威，对应秋天。《黄帝内经》认为，肺属金，有肃杀、沉降、收敛等特性。这里的肃杀显然来自金的坚硬、锋利，而沉降、收敛则来自金的凝固成形。从现代科学角度来说，肺主呼吸，吸入氧气使得生物体内的有机物氧化分解，最终生成二氧化碳、水或其他产物，并释放能量，也符合肃杀特性。

进一步考察“革”的字义，我们可以更清楚地了解“从”“革”的意思。通常“革”字有下列含义：

(1) 去了毛经过加工的兽皮，如皮革、革履、革囊等；

(2) 改变，如革新、革命、改革、变革等；

(3) 取消、除掉，如革除、革职、革故鼎新等；

(4) 中国古代乐器八音之一，如鼓等。

汉字教学过程中常常孤立地讲授词义，其实这四个含义彼此关联，加工兽皮制革、制器均涉及剥、削、切、割、鞣制、裁、剪等工艺，自然就有取消、去除、改变的含义。而鼓为皮革所制。

考察“革”字的金文与篆文，均为动物剥皮之形。《说文解字》中有：“兽皮治去其毛，革更之。”

为了更好地理解“革”字的本义，我们接着考证“韦”字，其意为去毛熟治的皮革。《韵会》云：“皮熟曰韦，生曰革。”《字林》曰：“韦，柔皮也。”可见，韦与革的区别是，一个是熟皮(韦)，另一个是生皮(革)。前者柔软，后者较硬。《说文解字》曰：“五色金也。黄为之长，久埋不生衣，百炼不轻，从革不韦。”段玉裁注：“从革，见鸿范，谓顺人之意以变更成器，虽屡改易而无伤也。”这里“从”就是顺从人意经过锻打或浇铸成形，其后变硬(革)再不轻易变形(韦，柔软)。

“革皮”与“裘皮”是两种并列的商品，其中革皮为坚硬、结实、有一定厚度的硬皮，如牛皮、猪皮等，通常用于制作鞋、皮带、皮囊、铠甲等物品。裘皮则是有软毛且柔软的皮张，如水貂皮、黄狼皮等，可用于制作保暖的衣服和帽子等。从裘的甲骨文中也可以看出，其为带毛之皮衣。

此外，考虑到声母k、g的相通性，汉字戈、割、隔、格、个、各、刻、颗、块、科、课等有锋利、切割，切成一粒、一块，分成一科、一课的意思。从发音上说，“革”与“割”也有相通性。

再看一个以革字为偏旁的“勒”字，其有以下含义：

(1) 套在牲畜上戴帽子的笼头，如马勒等；

(2) 收住缰绳不前进，如悬崖勒马；

(3) 强制，如勒令、勒索等；

(4) 统率，如勒兵等；

(5) 雕刻，如勒石、勒碑、勒铭等。

过去，人们认为“勒”字从“革”，表示与皮革有关，本义是套在马头上带嚼子的笼头，如《说文解字》曰：“勒，马头络衔也。”前四个含义都与勒马的笼头相关，但很难解释其与“雕刻”的关系。

笔者以为，尽管“革”的本义为皮革或制革，但同时有“割、锋利”等含义，也能衍生出“刻”的含义。从勒的金文来看，左“革”右“力”，也可解为用力雕刻。

李斯在《峄山碑》中写道：“今皇帝壹家天下，兵不复起……群臣颂略，刻此乐石，以箸经纪。”其中“乐”字颇不易解，章樵注：“石之精坚堪为乐器者，如泗滨浮磬之类。”将其解为一种可做乐器的石头。笔者以为，此处“乐”应通“勒”，“乐石”解为可用于雕刻的坚硬的石头似乎更为合理。

金石常常并列而言，如《峄山碑》其后秦二世所言：“金石刻尽始皇帝所为也，令袭号而金石刻辞不称始皇帝。其于久远也，如后嗣为之者，不称成功盛德。丞相臣斯、臣去疾、御史夫臣德昧死言：‘臣请具刻诏书，金石刻因明白矣。’”

除此之外，《荀子·劝学》曰：“锲而舍之，朽木不折；锲而不舍，金石可镂。”

《墨子·兼爱下》曰：“以其所书于竹帛，镂于金石，琢于盘盂，传遗后世子孙者知之。”

清代诗人、文学家龚自珍在《阮尚书年谱》中记载：“公谓吉金可以证经，乐石可以勖史，玩好之侈，临摹之工，有不预焉。”

通过以上内容可知，金石用于雕刻文字，以纪念帝王或歌颂国事等。其中，“金”为青铜器，用于祭祀之吉礼，故称“吉金”，意为精纯、美好、神圣的青铜(器)。“石”则坚硬，取其长久永恒之意。李斯在《峄山碑》中，将“乐石”解为“勒石”较为合理。他将对始皇帝的颂词雕刻在坚硬、美好的石头上，期望其江山永固，坚如磐石，世代传承。

综上所述，汉字“革”本义为皮革、制革，衍生出切割、雕刻、改变、变革等含义，从而很好地解释了五行理论中“金曰从革”及《峄山碑》中“乐石”的含义。

方口吕品晶星器释读

结晶、沉淀、凝固皆为“方”

汉字“器”的金文为，《说文解字》认为“象器之口，犬所以守之”，所以笔者以为，要准确解读“器”的本义，首先应该了解的含义。“口、吕、品、景、星”等字都含有方框结构，为了更好地比较这些字中方框的含义，笔者首先对汉字“方”进行深入探究。

释“方”

方圆：天圆地方的思想贯穿整个古代中国传统哲学，“方”的释义必须结合“圆”来说。

对古人而言，天指的是宇宙万物包括人类所处的空间或虚空。“天”字甲骨文表示一个人上方的空间，而且是用方框表示。在这个空间中，日月星辰循环往复，万事万物周而复始，四季轮回，云腾雨降，虚实生化，因此天“圆”是说天道的法则是圆，取其循环往复、周而复始之义。

地是我们所处的大地。古人认为天的虚空和地的实体可以相互转换，天地运行，化生万物。天是虚空，无具体形状；地是实体，由天凝聚成形。这种成形的固体形态称之为“方”，其本义指一颗一颗的块状物，如土方、石方。地“方”则指大地的法则是凝聚赋形，生长承载。地球或大地其实就是一块大土方。《太玄·玄摛》说“圆则杌棿，方为吝啬”，意思是说天是运动的,因为天是空气,是虚空,升腾变化,永不停息;地是收敛的、安静的,因为其凝聚而成形。

从化学角度来说,可以把无定形的气和水看作圆,把固体看作方;把无定形固体看作圆,把有序晶体看作方;把微观粒子看作圆,把宏观物质看作方。《易经》坤卦六二有"直方大,不习无不利",文中"直方大"一直很难解释。乾卦为天、为阳、为虚、为圆,则坤卦为地、为阴、为实、为方。上一爻初六是"履霜。坚冰至。象曰:履霜坚冰,阴始凝也",意思是大地阴气开启,先是凝结成霜,后开始结冰。所以,后面紧接着的一爻"直方大",意思是阴性继续发展,结晶结冰不断增大。这里"直"指的是直线、一维增长;"方"指的是平面、平方,二维增长;"大"指的是立体,三维增长。这就像是晶体生长的过程,也就是由圆而方、由虚而实的过程。

矩尺:"方"的甲骨文为、。首先比较"工""巨""方"三个字,可以发现"工"字的甲骨文是、,表示的是矩尺,一种画直取方的工具;"巨"字是"矩"的本字,金文为、,手持矩尺的形状。因此,"方"字的甲骨文是手持矩尺的形象,取其画方之义也。结合上面对《易经》"直方大"的解读,画方,不仅仅是长方或正方,方也表示直线、平面(平方)、立体(立方)。和圆形的弯曲、柔软、柔和的线条或形状相比,平整、尖锐、成角、突兀的线条或形状均可称为方。比如,古人云戴圆履方,帽顶为圆,鞋底为方、为平也。《孟子·离娄上》中"圣人既竭目力焉,继之以规矩准绳,以为方员平直,不可胜用也",说的"平直"显然是矩尺所画。

方形:"方"的图形如"□",表示方形、方向或块状物体之义。表示方形的有方巾、方面大耳;表示方向的有方向、方位、东方、四面八方、方客、方神;表示块状的有方块、土方、石方、立方。

地方:"方"的图形如"□",有围起来的空间、面积、土地、地方、国家之义，如平方、方国。比如，《论语》的“有朋自远方来”，《归园田居》的“方宅十余亩，草屋八九间”，以及《墨子·公输》的“荆之地方五千里，宋之地方五百里”等。

《论语·里仁》的“父母在，不远游，游必有方”中“方”字的意思，一直有很多不同的说法。有人说是游历的方向，有人说是固定的地方，有人说是安身立命的方法，还有人说是安顿、照应父母的办法。笔者以为，这里的“方”字应该是地方、范围的意思，也可释为固定地方。如《礼记·玉藻》的“亲老，出不易方，复不过时”。从“复不过时”的意思可以看出，“出不易方”表示的是外出不要改变范围，不要到另一个地区，告知人们即使外出也不要太远，不要让父母担心。

放置：从空间、地方之义衍生出放置占有的意思，同“放”。如《诗·召南·鹊巢》中的“维鹊有巢，维鸠方之”。

品类：“方”表示一粒一粒的块状物，因此可表示品类和类别。“口”与“品”之间关联密切，如《楚辞》的“室家遂宗，食多方些”，《淮南子》的“以死生为一化，以万物为一方，同精于太清之本”等。

正直：方有正之义，如方正、方直、方刚等。

尖锐、批评：与圆相对应，“方”有方直尖锐的意思，引申为指责、批评的意思，通“妨”，如《论语·宪问》中的“子贡方人”。

方法：天圆地方，这里天与圆可表示天地混沌原初之貌，有根本、玄机之义；与此相似，地之方也可表示万物的规律与法则、学问配方等，如方法、千方百计、教导有方、处方等。《教战守策》有“教之以进退坐作之方”。

厚、丰、广、大：地“方”则指大地的法则是凝聚赋形，生长发生、厚德载物。因此“方”有厚、丰、满、广、大的意思。

《诗·小雅·大田》云：“既方既皁，既坚既好。”郑玄笺，“方，房也”，意为植物种子的外皮。考虑到“方”对应“圆”，有凝聚赋形之义，这里应释为饱满较为准确，与后面的“阜”“坚”“好”含义较为吻合对应，都是饱满厚实之义，形容植物种子生长得好。《玉台新咏·古诗为焦仲卿妻作并序》中有“磐石方且厚，可以卒千年”，这里的“方”解为“大”更为准确。

通“旁”：“方”表示面积、地方，衍生出遍、广之义，如方行，广泛施行。

通“筏”、并舟：《说文解字》释义“方”字为“并船也”，意思是两船相并。将“方”字释为两船相并应该不是“方”字的本义。如上所述，“方”字甲骨文是手持矩尺的形象，取其画方之义。这种“工”字形的矩尺可以画直线、画直角、画方形，也可以画平行线。“方”表示船的含义应该来自竹筏，因其由竹子平行相连，如《诗·邶风·谷风》高亨注：“方，以筏渡；舟，以船渡。”另外，考虑到“方”和“筏”的读音分别是fāng、fá，很可能“方”字被用来通“筏”字。

并排：因为竹筏的竹子平行，衍生出并排、相连之义，如方舟，两船相并；方轨，两车并行；方轩，并排的窗户。《资治通鉴》曰：“操军方连战舰，首尾相接。”《史记·郦食其列传》云：“蜀汉之粟，方船而下。”

相仿：由平行、并排衍生出相等、等同、比拟、比如、分别、分辨等含义，通“仿”字，如比方、方比、比较等。《战国策》有“齐、韩相方”，《商君书·算地》有“方效汤武之时”，《国语·楚语下》有“民神杂糅，不可方物”。形容女子美貌常说“美艳不可方物”，说的是美丽得找不到可以相仿、相比的事物。

释“口”“丁”“囗”

很难理解“口”和“囗”都是明显的方形，却不是“方”字的本字，但是通过仔细分析，仍然可以看出它们之间的紧密关系。

“口”字甲骨文为 ，《说文解字》释为“人所以言食也”，就是嘴巴的意思，从而衍生出言语、人口、孔洞、关口、量词之类的含义。“口”字表示空心洞，也可用于指代容器口，如瓶口、杯口、碗口之类。这也是为什么有人把“器”字中的四个“口”解释为容器之口，代指容器，特别是祭祀之重器。

而外包围的“囗”发wéi音时，古同“围”；发guó音时，古同“国”。用于汉字构造时，常表示圆形、环绕、围成的空间等含义，如回、田、国、围、困、圜、圆、圓、圈、团、囫囵、囹圄、圐圙等。

汉字“丁”的甲骨文为、、，从字形上看，和方形、圆形、块状物有关。这里需要特别强调的是，不仅仅是方形可以表示块状物，圆形也可以。《说文解字》认为，“钉”的古字“丁，钻也，象形，今俗以钉为之”。笔者认为，“丁”字还有一个含义，即小的立方体。例如，黄瓜丁、炒鸡丁、羊肉丁等，其实就是小的、一粒一粒的块状物。又如，丁屐表示底有钉齿的木鞋，而钉齿是一粒一粒的；丁子表示蝌蚪，其实也是一个一个的样子。从“丁”字的发音来看，表示块状的含义应该和“锭”相通，如药锭、粉锭、紫金锭、纱锭等。由块状物衍生出一粒一粒、一个一个、一口一口的含义，常用来表示人口、人丁、园丁、家丁，如添丁、丁税、丁赋；有时候也表示成熟的果实或成人，如兵丁、壮丁、丁粮（对男丁征收的粮食）、丁力（成年男子的劳力）、丁女（能担任力役的成年女子）、丁奴（20岁以上的成年奴仆）。

“丁”字的另一个读音为zhēng，是象声词，形容伐木、下棋、弹琴的声音，如《小雅》中的“伐木丁丁”。无论是伐木、下棋，还是弹琴，表示的都是一种一下一下、有节奏感的声音。

吕：它的甲骨文为，一般认为是“膂”的古字，表示脊椎骨。《说文解字》中有“吕，脊骨也，象形”。图形显然表示的是一块一块、彼此相连的脊椎骨，这里的方形表示块状物。

品：它的甲骨文是三个“口”，其含义应与“口”和“方”相关。《国语》中有“夫和实生物……出千品，具万方”，从中可以看出“品”与“方”的关联。《说文解字》释“品”字说“众庶也，从三口”，意思是三口为多。然而，这个解释还不够准确，因为“口”的含义还未给出。

方形的“口”说的是从虚空凝聚赋形，以块状形式存在的一粒一粒、一颗一颗、一块一块的物体。这里的块状物代表物体，三个“口”表示物体之多，正如三个人为众，表示人多；三个火为焱，表示火大；三个木为森，表示树多；三个石为磊，表示石多；三个水为淼，表示水大；三个土为垚，表示山高；三个金为鑫，表示金多；垒表示物体的堆积；叠表示物体的重复。其中，磊字的小篆写作，其外形如三个块状石头对垒。

《易经·彖》说：“大哉乾元，万物资始，乃统天。云行雨施，品物流形。大明始终，六位时成，时乘六龙以御天。乾道变化，各正性命，保合大和，乃利贞。首出庶物，万国咸宁。”这段文字很清楚地说明了“品”字的本义：天地乾坤，阴阳相化，虚空之天流形成体，成品成物，对应地势之坤、厚德载物之义。后面的“出庶物”也是万物生的意思。

“品”字甲骨文三个口，以三个物体摆放一起，表示物品之多，衍生出分类、分级等含义，如品级、上品、品官、品次、品制等。《虞书》有“五品不逊”，《训俭示康》有“果、肴非远方珍异，食非多品”。

多个物品摆放一起，也有比较、评价、相同之义，如《广雅》中的“品，齐也”。在此基础上，则进一步衍生出特点品质、评价欣赏、标准规则等含义。表示特点有品性、品格、人品、品质，如《沧浪诗话》中的“诗之品有九”。表示评价、衡量有品度、品评、品酌、品选、品头题足等，如《资治通鉴》的“品其名位，犹不失下曹从事”。表示欣赏有品尝、品茶、品月、品箫等。表示标准规则有品式、品度，如《管子·宙合》中的“世用器械，规矩准绳，称量数度，品有所成”。

晶：它的甲骨文写作、，无论是方形中有一横，还是圆形中有一点，都是发光体的象形。比较表示太阳的"日"字甲骨文、，可以推断"晶"应该是"星"的本字。《说文解字》曰"晶，精光也"，徐灏解注曰"晶即星之象形文"。宋代张君房在《云笈七签》中曰"无日无月，无晶无光"。根据中国古代哲学思想，"晶"表示星星，是天地的结晶。

"晶"有发光、闪亮、透明、清澈等含义，如晶莹、晶天、晶辉、亮晶晶。宋之问的《明河篇》有"八月凉风天气晶，万里无云河汉明"。

"晶"有透明晶体的含义，如晶体、液晶、结晶、水晶、茶晶等。

"晶"可指代太阳，如晶辉；亦可指代月亮，如晶饼、晶轮、晶盘、晶蟾。

星：它的甲骨文为、金文为，《说文解字》释为"星，万物之精，上为列星"，但考虑到字形，甲骨文可能表示柴火的火星，而表示烛火火苗，最终都衍生出发光、星体、日历、夜晚等含义，如行星、星宿、星象、星霜、星布、星历、星归、星前月下等；也表示很多微小的闪光点或者微小的物体，如定盘星、准星、秤星、三星级饭店、五星上将、一星半点、星星点点等。

器：器重、器量、君子不器等词语中的"器"字如何解读一直是个令人困惑的问题。一方面，要求做到成器、大器、有器量、被器重；另一方面又说君子不器，那么到底是"器"还是"不器"呢？

"器"的金文为，《说文解字》认为"象器之口，犬所以守之"。根据前面对"方""口""吕""品""晶""星""器"乃至"丁""囗"等字的分析，我们有理由认为，"器"字金文中的四个应该表示块状物或空心容器，如《周书・宝典》中的"物周为器"。

尽管这种有形的空心容器可能由各种材质制成，但考虑到器重、重器、大器等词义，最初很可能专指熔铸而成的青铜器。青铜器，古称吉金，是重要的礼器。从矿石开采，到熔融的无定形液体，再到凝固定形、成形的器物，它代表古人从无到有、由圆而方、由虚而实、万物凝聚成形的物质认知。《易·系辞》曰“形乃谓之器”，韩康伯注“成形曰器”。鼎、鬲、甗、瓿、簋、爵、觚、斝、罍、壶、盘等青铜器物不仅仅是单纯的食物及酒水的器具，还是祭祀的礼器，它更重要的内涵即承载古人对天地万物的哲学认知、对宗教和礼仪制度的体现。一旦铸造成形，每种青铜器都有自己的功用定位。“君子不器”说的是，君子不能局限于某一方面，要有融通的思想，不要只看到表面，而要看到问题的本质，这样才能无所不用，无所不能。《易经》中有“形而上者谓之道，形而下者谓之器”，这里将“道”与“器”并列比较，显然前者是无形的、抽象的、根本的规律，法则，本原和本质等，后者则指有形的器物。

这一点可以进一步被“朴”和“器”的关系所证实。《道德经》云：“知其雄，守其雌，为天下溪。为天下溪，常德不离，复归于婴儿。知其白，守其黑，为天下式。为天下式，常德不忒，复归于无极。知其荣，守其辱，为天下谷。为天下谷，常德乃足，复归于朴。朴散则为器，圣人用之，则为官长，故大制不割。”首先来理解一下“朴”的含义。《说文解字》有“朴，木皮”和“朴，木素也”，《论衡》有“无刀斧之断者谓之朴”，由此可知，“朴”的本义为带树皮、未曾加工的原木，延伸为未加工的木料或其他物质。《战国策》中有“郑人谓玉未理者璞，周人谓鼠未腊者朴”，可见“璞”和“朴”发音相通，词义相通，这里没加工的玉石原料为“璞”，没有腊制的鼠肉为“朴”。朴素、质朴、俭朴等词语都是引申而来的，比喻没有经过加工、修饰、美化的，原初且简单的本质状态。与“器”并列，显然“朴”指的是制器所用的木料、陶泥、铜锭等原材料。木料剖琢成器，陶泥捏塑成器，铜锭浇铸成器，就是“朴散则为器”的意思。因为一旦成器，固定成形，就失去了原来的本质，就失去了“朴”；这种原初的本质状态又意味着无限的可塑性和灵活性。所以，最厉害的就是这种未经加工的状态，因为它意味着无限可能。《道德经》将婴儿、无极等词语和朴相对应，表示一种本真的状态。《淮南子》有“洞同天地，浑沌为朴，未造而成物，谓之太一”，又把这种天地之初、阴阳未分的原始的、本质的、混沌的状态称为“朴”或“太一”。“朴”的背后是“道”，所以“朴”和“器”的关系其实就是“道”和“器”的关系。《周易正义》云“圣人作《易》本以教人，欲使人法天之用，不法天之体”，邵雍说“体无定用，唯变是用。用无定体，唯化是体”，这里“体”与“用”的关系，说的也是这个道理。类似的概念还有“无”与“有”、“气”与“形”、“神”与“形”，如《列子》之“夫有形者生于无形”、《素问》之“气聚而成形”、《灵枢》之“上工守神，下工守形”，其背后的辩证关系颇为相通。

《说文解字》说“皿也，象器之口，犬所以守之”。大多数器物或圆或方，体现的是天圆地方的思想，中空器物象征天地的虚空包容和大地承载。因此，“器”实为国家重器，例如鼎。这就可以解释为什么“器”字金文中间有一条犬来守护。国家用于祭祀的鼎器，是一种神圣而重要的器皿，所以用犬看守，引申为神圣而重要的物品。庙堂之器、国之重“器”，以及九贡之一宗庙“器”具、“器”贡，说的都是这个意思。如《老子》的“天下神器，不可为也”。

器表示容器、容量、虚空，如容器、器皿等。如《韩非子・十过》中有“作为食器”，《虞初新志・秋声诗自序》中有“盆器倾侧”，《芋老人传》中有“命妪煮芋以进，尽一器，再进”。

借由容器表示人的胸怀、气度，如器量、器识、器度、器怀、器宇等。

宗庙之器、器量等含义进一步衍生表示人才，如《老子》的“大器晚成”，《卖柑者言》的“庙堂之器”。

由空心容器衍生为人体器官、组织，甚至微小结构的成分，如生殖器、泌尿器、细胞器等。

由容器衍生出物资工具的意思，如器物、器备、器具、银器、锡器、漆器、玉器、器玩等。《墨子・公输》的“守圉之器”便是这个意思。

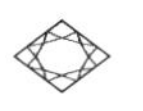

汉语中化学相关的词

寓意深刻、生动形象

他山之石:《诗经》有“他山之石,可以攻玉”,意思是此山有玉,他山有石,一种比玉硬度要高的砂石,称为解玉砂,类似现在的金刚砂,可以用来切割、打磨玉石。古代没有电力机械,通常采用较为原始的方法加工玉石,称之为攻玉,费时耗力颇多,故有切磋、琢磨之说,又云“如切如磋,如琢如磨”。

光怪陆离:古代玻璃乃贵重之物,被称为陆离、璆琳、琉璃、水晶、夜光璧、颇黎、隋侯珠等。因为质地如玉、五彩斑斓,故又称五色玉、药玉。李白为小儿子取名为天然,小名“颇黎”,就像今人称为“宝贝”一样。《淮南子》有“譬若隋侯之珠,和氏之璧,得之者富,失之者贫”,所以隋侯珠常常用来与和氏璧相对,表示珍贵的宝玉石等。传说,隋侯曾经在路上救助了一条小蛇。后来,小蛇报恩,赠之以宝珠,后人称其为隋侯珠。我国出土了大量春秋战国时期的蜻蜓眼玻璃珠,与古埃及以及腓尼基人的蜻蜓眼玻璃珠一脉相承,意味着至少在春秋战国时期,中国和古埃及或西亚之间已经有了贸易往来。

洗尽铅华:指女子不抹粉、不化妆,清新自然的样子。如宋代赵长卿词集《惜香乐府》中的“洗尽铅华不著妆,一般真色自生香”。洗尽铅华有时候也指女子由时尚繁华的明星生活转为素颜、简朴的低调生活。铅华,又名胡粉、铅粉。《天工开物》记载:“凡造胡粉,每铅百斤,熔化,削成薄片,卷作筒,安木甑内。甑下、甑中各安醋一瓶,外以盐泥固济,纸糊甑缝。安火四两,养之七日。期足启开,铅片皆生霜粉,扫入水缸内。”其实就是用醋熏蒸铅片得到纳米尺度的碱式碳酸铅粉末,因其洁白细腻,施于皮肤使之显得白皙、细腻、光滑。“华”字的本义为鲜花盛开,引申出事物最美好、纯粹的部分,所以铅华暗指从铅中提取的最美好的精华,用于妆容自然会有好的效果。当然,我们今天知道,含铅物质具有一定的毒性,长期使用铅华的皮肤肯定会造成皮肤的损伤和健康的伤害。与此相似的是,另一种用于妆粉的水银腻粉,又叫汞粉、轻粉、峭粉、腻粉、飞雪丹,由水银、白矾、食盐合炼而成。传说,仙人萧史为秦穆公的女儿弄玉炼飞雪丹,后来二人一同成仙升天。

信口雌黄:雌黄的主要成分是三硫化二砷(又名硫化亚砷,化学式为 As_2S_3),是一种含砷的柠檬黄色矿石。古时写字用的是黄纸,写错了就用雌黄涂抹后重写。所以,后人用“信口雌黄”来比喻没有根据地胡说八道。

有雌黄,也有雄黄,两者常常共生在一起,称为鸳鸯矿物。而且雄黄的主要成分为四硫化四砷(化学式为 As_4S_4),也含砷,但颜色为橘红色,与雌黄相比偏红一点,所以有一雄一雌的说法。中国南方有端午节喝雄黄酒的习俗,据说有辟邪、杀虫、去毒的作用。《白蛇传》中就有白娘子饮用雄黄酒而现出原形的故事情节。

饮鸩止渴:这也是一个与砷有关的成语,比喻不顾严重后果,用错误的办法来解决眼前的困难。传说,鸩是一种毒鸟,有长长的脖子和红色的嘴巴,平时以剧毒的蝮蛇为食,它的排泄物都有剧毒,甚至能腐蚀石头。在它饮水的地方,别的动物饮水也会中毒而死。据说用它的羽毛可以泡制有毒的鸩酒。其实,这些都是误传的说法,它的真实原型是剧毒的砒霜,主要成分为三氧化二砷(化学式为 As_2O_3)。砒霜有白砒和红砒之分,有时候也混杂在一起共存呈现黄色与红色的彩晕。其中,红色部分又称红矾、红信石、丹毒,或者更加隐晦地称为鸩、鹤顶红,即用丹顶鹤头顶红色的鲜艳来比喻红色砒霜的强毒性。

炉火纯青:原指在充分通风供氧的条件下,炉火充分燃烧发出纯青色火焰,表明达到较高的温度,可以进行金属冶炼、锻炼或者炼丹;也可表示杂质燃尽之后,炉内物体发出青色火焰。人们常用其来比喻学问、技术、功夫到达精纯、完美的境地。唐代孙思邈在《四言诗》中曰:"洪炉烈火,洪焰翕赫;烟示及黔,焰不假碧。"说的正是炼丹的整个过程,刚开始大火燃烧,火焰为红色,随后产生黑烟,等黑烟消失,火焰转为蓝色。用化学的语言说,刚开始氧气不足,火焰为红色,随之有机物不完全燃烧形成黑烟,有机物烧完后,黑烟消失,同时伴随着风箱送入氧气,火焰呈现更高温度的蓝色,炼丹功成。

锻炼:原指反复锻打金属使之精纯和成形。王充在《论衡》中写道:"冶工锻炼,成为铦利。"后来,"锻炼"衍生为"强身健体的体育锻炼"之义,再进一步可以表示在艰苦的环境下对人思想、毅力、品德等美好素质的培养。

模范:古人制作青铜器的时候,首先用木、石、泥或蜡雕刻出所要制作物体的样子,称为模,也就是模型、模具的意思;然后以此翻制出空心的范,一般是陶制的,称为陶范;在陶范中注入融化的铜汁,冷却后去除陶范得到目标器物。今天模范衍生出学习样本、标杆的意思,通过学习,使之成为像模范那样的人。英语中有一个词normal,是标准、规范的意思,具有类似的含义。师范大学常被称为Normal University,因为师范大学是培养教师的地方,而教师就相当于模范,通过他们再培养无数的学生,就像用模具铸造器物一样。

符合:虎符是古代帝王给臣子授予兵权用来调动军队的信物,以铜制作,成虎形,分左右两半,两个剖面分别刻有阴文、阳文字符,凹凸相合。通常右符在皇帝之手,左符在将领之手。两符相合,方可调动军队,这就是“符合”一词的由来。

合同:唐高祖李渊废除虎符,改为鱼符。一是为了避讳一位叫“李虎”的祖先,二是以“鲤”喻“李”。铜制鱼符上刻有官员的姓名、任职衙门及官位品级等信息。左右两半,分别刻有“同”字,一凹一凸,彼此吻合,是为“合同”。其中,“同”谐音“铜”,取其铜制和相同之意。左符放在内庭,作为“底根”;右符由持有人盛于鱼袋中随身佩带,作为身份的证明。现代社会签约合同以取信于人,即来源于此。到了武则天时期,鱼符被更换为龟符,因为龟蛇对应玄武,契合武姓。当时规定三品以上龟袋用金饰,所以后来用金龟婿代指身份高贵的“闺”婿。后来明代以腰牌取代之。

青铜车马件:有趣的是,青铜车马件的名称产生了我们所熟悉的很多词语,如管辖、关键、节约、联络、平衡、比较、辐射、轮毂、牵引、轩辕、睥睨。这些词也反映了这些车马件的功能,如管辖和关键均与卡扣有关,节约和联络均与控制有关等。甚至苏轼、苏辙的名字也都和马车有关系,轼是古代车厢前面用作扶手的横木,辙是马车的固定路线或者车轮痕迹。此外,鞭策、驾驶、驾驭、驾御等词都与对马或马车的控制及运行有关。

汉语字词的化学命名

化学名词的汉字智慧

朱公锡、朱慎镭、朱同铬、朱同鈮、朱在铁、朱在钠、朱均钚、朱奉镅、朱成钴、朱成钯、朱恩铜、朱恩钾、朱帅锌、朱寘镧、朱征钋、朱效钛、朱效锂、朱诠铍、朱弥镉、朱諟钒……从朱元璋玄孙的名字中，我们看到了元素周期表中熟悉的金属元素，难道他们提前预知了元素周期表？

显然这是一件不可能的事情。《春秋繁露·五行之义》道："木生火，火生土，土生金，金生水，水生木，此其父子也。"朱元璋建立明朝后，根据五行理论，规定后世子孙都要根据五行相生轮序取名：

他儿子是木字旁，如太子朱标、永乐帝朱棣；

木生火，所以孙子是火字旁，如建文帝朱允炆、明仁宗朱高炽；

火生土，所以曾孙是土字旁，如宣宗朱瞻基、郑靖王朱瞻埈、越靖王朱瞻墉；

土生金，所以玄孙是金字旁，如明英宗朱祁镇、明景帝朱祁钰；

金生水，所以五世孙是水字旁，如明宪宗朱见深、怀献太子朱见济；

水生木，所以六世孙又回到木字旁，如明孝宗朱祐樘、兴王朱祐杬。

据说，清朝徐寿在翻译元素周期表的时候，从朱元璋子孙的名字里借用了很多带金字旁（钅）的字作为元素名称。一般认为，单个汉字命名元素名称始于1871年的《化学初阶》和《化学鉴原》。徐寿在翻译《化学鉴原》时，采用了音译的元素命名方法。比如，对固体金属元素的命名，一律用“金”字旁，再配一个与该元素第一音节近似的汉字，创造了“锌”“锰”“镁”等元素的中文名称，这其实就是汉字六书中的形声字。

汉代学者许慎首倡汉字六书原则，即“象形、指事、会意、形声、转注、假借”，开汉语文字学之先河。化学学科中一样存在着文字学的问题，在翻译化学名称时，无论是造字还是用字都借鉴了六书的原则。下面便就六书原则介绍一二。

象形

以口字旁来象形各种杂环结构，如吡咯、吡啶、呔嗪、呋喃、噻吩、吲哚、卟吩、卟啉、咪唑等。卟吩（图3.1）曾经被称为嘂（léi），象征四个吡咯环。

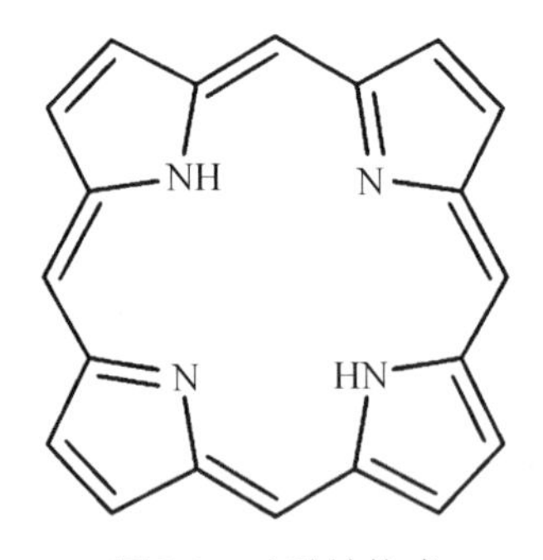

图3.1　卟吩结构式

指事

指事是一种抽象的造字法，即用象征性符号来表示事物的意义。《说文解字》中写道：“指事物，视而可识，察而见意，上下是也。”

由氢字衍生出它的三种同位素：氕、氘、氚，翻译极为精妙！

气字下方的笔画，其中撇画“丿”表示质子，竖画“丨”表示中子，加起来笔画数对应质量数。比如：

氕下方有“丿”，一撇对应一个质子，一画对应质量数为1；

氘下方有“刂”，一撇一竖对应一个质子和一个中子，两画对应质量数为2；

氚下方有“川”，一撇两竖对应一个质子和两个中子，三画对应质量数为3。

有趣的是，用笔画“丿”“刂”“川”的读音piě、dāo、chūan作为汉字氕、氘、氚的读音，竟然和它们各自的元素拉丁名protium、deuterium、tritium的首音节吻合。

元素拉丁名称protium、deuterium、tritium的词根也与各自的质量数吻合：

pro-表示前面的、最初的、原始的、早期的等含义，符合第一位的氕，只有一个质子，质量数为1；

deu-与dou-、du-、di-、tw-等词根同源，表示two，也就是二，符合第二位的氘，有一个质子和一个中子，质量数为2；

tri-与three同源，表示三，符合第三位的氚，有一个质子和两个中子，质量数为3。

形声

形声字由两部分组成，形旁是指示字的意思或类属，声旁则表示字的相同或相近发音。形旁“钅”表示金属，“气”表示气态非金属，“石”表示固态非金属，“口”表示杂环化合物，“火”表示烃类有机物等。

草字头常表示其最初来自植物，具有芳香性，如苯、蒽、菲、萘、茚。

在甲骨文中，“月”同“肉”，因此月字旁汉字常常与身体有关，如肝、脏、腑、肤、肺、脾、肌、肾、肋、脉等。其化学成分则表示源于动物，如胺、脲、胼、胍、胨、腓、腈等含氮化合物。

酉字旁常常表示通过发酵而获得的物质，如酒、醋、醯等，其化学成分则为醇、醛、酮、酐、醚、酚、酞、醌、酯、醣、酰等。

放屁虫体内有两个小囊,分别存有对苯二酚和过氧化氢,在喷出的瞬间送到一个反应室中和过氧化物酶混合,在酶的催化作用下,生成100摄氏度的对苯醌,具有臭味和刺激性气味。

会意形声

烷、烯、炔,都是火字旁,说明可燃烧,分别用"完""希""夬"形声,同时会意碳键的饱和程度。碳键饱和烷,意思是完满;碳键不饱和双键烯,意思是稀少;碳键不饱和三键炔,意思是缺乏。

氢气是一种很轻的气体,所以"氢"由气字头和轻字的右半边构成;氮气的存在冲淡了空气中的氧气,所以"氮"字由气字头和淡字的右半边构成;氧气对地球绝大多数生物来说,是不可或缺的物质,有滋养之义,所以"氧"字由气字头和羊字构成。

酐相当于酸脱水而成的化合物,所以右边为"干"。其英文anhydride意为脱水物,an-表示否定、去除、没有,-hydride表示水合物。

会意反切

反切是古人在"直音""读若"之后创制的一种注音方法,又称"反""切""翻""反语"等。反切的基本规则是用两个汉字相拼给一个字注音,切上字取声母,切下字取韵母和声调,具体如下。

烃:碳氢化合物,碳易燃用火表示,氢字取下半部分,读音取碳之声母t和氢之韵母ing。

羟:氢氧基团,由氢氧二字各取一半构成,读音取氢之声母q和氧之韵母ang。

巯:氢硫基团,由氢硫二字各取一半构成,读音取氢之声母q和硫之韵母iu。

羰:碳氧基团,由碳氧二字各取一半构成,读音取碳之声母t和氧之韵母ang。

这种反切法本身就存在于我们的语言中，下面便列举一二。

《尔雅·释器》的"不律谓之笔"说的就是笔可以称作不律或不聿。四川有方言把笔叫作不律。

元曲《哨遍·高祖还乡》有"一面旗白胡阑套住个迎霜兔，一面旗红曲连打着个毕月乌"，这里的"胡阑"就是"环"，"曲连"就是"圈"。

山东、河南方言有曲溜拐弯之说，这里的"曲溜"其实就是球，表示圆形、弯曲。类似的连读还有乞留、乞量、曲律、屈吕等。

山西方言中有很多这样的连读，如"卜烂"为绊、"得料"为掉、"合浪"为巷、"合拉"为豁、"薄浪"为棒、"突挛"为团。

除此之外，还有窟窿—孔、呼隆—轰、囫囵—浑、呼兰/胡阑—环、曲连/居延/屈挛—圈、祁连/乞颜—乾、不可—叵、不用—甭等。有一种有意思的解读，祁连为乾、昆仑为坤。

现代科学进入中国，自然会打上中国文化的烙印，从化学元素或成分的译名中我们可以看出中国传统哲学思想的影响。1932年，当时的教育部颁布了《化学命名原则》，把化学元素的订名原则总结并规定为"元素之名，各以一字表之。在寻常状况下为气态者，从气；为液态者，从水；金属元素之为固态者，从金；非金属元素为固态者，从石"。中国古人观察客观世界所形成的哲学思想认为天地分五行：金、木、水、火、土。与此对应，化学元素的名称如下所示：

金：铁、钴、镍、铜、锌；

木：苯、萘、菲、蒎、茚、芘、苄；

水：溴、汞；

火：烃、烷、烯、炔；

土：砷、硒、碘、碱。

铵虽然不是金属，但也用金字旁，因为其具有类似金属离子的性质。

古人还认为域中有“四大”:土、水、火、风。这里以气代风,如氕、氘、氚、氯、氧、氮、氢、氟、氦。

与此同时,汉语文字文化博大精深,仅化学词语的排序就有非常丰富的表达方式。

天干序数:甲、乙、丙、丁、戊、己、庚、辛、壬、癸,其也用于化学物质的命名,如甲烷、乙烷、丙烷、丁烷等。

伯仲叔季:古代用于排行兄弟长幼次序的序数伯、仲、叔、季也用来表示链异构,以伯碳、仲碳、叔碳、季碳分别命名一级碳、二级碳、三级碳和四级碳。氨分子中的一个、两个或三个氢原子被烃基取代而生成的化合物,分别称为伯胺、仲胺和叔胺。它们的通式分别为:RNH_2、R_2NH、R_3N。铵离子中的四个氢原子都被烃基取代形成的化合物,称为季铵盐,通式为:R_4N^+。

原与偏:汉字原与偏分别有正宗和旁侧的含义,如正房、正宫和偏房、侧室等。在化学上,含氧酸根的化合价与其中氧原子数相同的酸,称为原酸,如原硅酸(化学式为H_4SiO_4),英文为orthosilicic acid,其中词根ortho-与author同源,表示正统的、权威的。偏酸是正酸缩去一个水分子而成的酸,称为偏某酸, 如偏硅酸(化学式为H_2SiO_3),英文为metasilicic acid,词根meta-表示变化的、非正统的。

正与异:正丙烷n-propane和异丁烷isobutane,前者n-是normal的缩写,表示正统、标准,后者的iso-表示不同,翻译为异。

高/过、正、亚、次:高氯酸、氯酸、亚氯酸和次氯酸。

时空有无与大小聚散

大象无形

中国传统哲学与文化中具有丰富的时空思想。从宇宙、世界、始端等常用词语中就可以看出端倪。

“宇宙”一词最早出自《庄子》:“旁日月,挟宇宙,为其吻合。”其中,上下四方为“宇”,是空间;古往今来为“宙”,是时间。三十年或百年为一世,世是时间;界则是空间。《庄子》中有这样一个故事,即“倏与忽谋报浑沌之德,曰:‘人皆有七窍,以视听食息,此独无有,尝试凿之’。日凿一窍,七日而浑沌死”。这个故事中“倏”与“忽”是时间,很快的意思,而“浑沌”是空间,天地初开浑然一体的模样。

古代先贤能把时空关联在一起,体现了他们深邃的认知智慧。斗转星移、沧海桑田、白云苍狗、物是人非等许多成语,说的是空间随着时间的变化。“苍穹浩茫茫,万劫太极长”,“苍穹”是空间,“万劫”是时间。“前不见古人,后不见来者。念天地之悠悠,独怆然而涕下”,“前后”是时间,“天地”是空间。“离离原上草,一岁一枯荣”,“原上”是空间,“一岁”是时间。“去年今日此门中,人面桃花相映红。人面不知何处去,桃花依旧笑春风”,“去年今日”是时间,“人面桃花”是空间。

毛主席的“怅寥廓,问苍茫大地,谁主沉浮?携来百侣曾游,忆往昔峥嵘岁月稠”,“寥廓苍茫”是空间,“往昔岁月”是时间。“坐地日行八万里,巡天遥看一千河”,“天地”是空间,“日行”是时间。“江山如此多娇,引无数英雄竞折腰。惜秦皇汉武,略输文采;唐宗宋祖,稍逊风骚。一代天骄,成吉思汗,只识弯弓射大雕。俱往矣,数风流人物,还看今朝”,“江山”是空间,“过往今朝”是时间。

中国文化就是这样站在时空的高度来观察和思考世间万物、古往今来,塑造宏大的视野与美好的品德。

对时间和空间进行切割细分,分到最小无法再分的状态分别称为开始、开端。这启发了我们对大小关系的思辨。

大块的物体可以粉碎成微小的粉末,微小到看不见、摸不着,甚至借助于仪器也无法探测,可以说接近无或者空的状态。

古人认为,天圆地方,天为虚、地为实,虚实相转,大地凝聚成形。可以想象无数细小的颗粒团聚成块体,近似于从无到有的过程。《道德经》中“合抱之木,生于毫末;九层之台,起于累土;千里之行,始于足下”,说的就是由少而多的积累过程。

问世间何物为大?大象大吗?鲸鱼大吗?高山大吗?地球大吗?太阳大吗?银河系大吗?所有的有形实体都要置身于无形的虚空或空间之中。可见,无形的虚空才是最大的存在。《道德经》说“大器晚成,大音希声,大象无形”,无形才是最大的存在,才是最大的形象!

块状物体粉碎成微小颗粒,甚至粉碎到极致,弥散整个空间,此时,它是大还是小呢?对一个颗粒而言,是足够小,可是对全部的颗粒来说,它占据了极大的空间。大与小彼此依存啊!

《道德经》中“视之不见名曰夷,听之不闻名曰希,搏之不得名曰微”,把物质小到一定程度放在手上摸不到、感受不到的状态称为“微”。我们今天研究纳米材料就能感受到这种状态,小到纳米尺度,无法直接感知,需要借助电镜观测。而且小到一定程度,性质也发生了剧烈的变化。宋太宗赐号陈抟为希夷先生,叶挺字希夷,都是取字于此,以表达其道家思想和情怀。

《道德经》中“和其光，同其尘”形成了一个成语——“和光同尘”，其最初字面的意思表达的是像光、像尘一样足够细小而无法分别、分辨、分离，浑然一体的状态。这也表达了古人对光的粒子性的感知——小到无法感知其粒子的性质。《淮南子》也有类似的观点：“有无者，视之不见其形，听之不闻其声，扪之不可得也，望之不可极也，储与扈冶，浩浩瀚瀚，不可隐仪揆度而通光耀者”，“视之无形，听之无声，谓之幽冥。幽冥者，所以喻道，而非道也”，“泰山之容，巍巍然高，去之千里，不见埵堁，远之故也。秋豪之末，沦于不测。是故小不可以为内者，大不可以为外矣”，“朴至大者无形状，道至眇者无度量，故天之员也不中规，地之方也不中矩”。这些内容说的都是类似的道理。

《墨子》认为，“始”是时间中不可再分割的最小单位，“端”是空间中不可再分割的最小单位，所谓开始、开端分别是时间和空间的最小单位。

《庄子》的“夫精，小之微也；垺，大之殷也”与“至精无形，至大不可围”中，“精”均是指小到无形（看不见）的状态，有点类似纳米或者原子的意味了。《庄子》中还有“可以言论者，物之粗也；可以意致者，物之精也”，即因为小到极致，无法用肉眼观察，所以要靠思考和想象。这些都是很了不起的思想，因为世上众人常常只关注看得见、摸得着、感知得到的事物，而庄子已经注意看不见的事物，他通过想象和思考深入微观世界。《庄子》又云“夫自细视大者不尽，自大视细者不明”，意思是说，当我们集中于微小的事物时，则看不到整体的面貌，当我们看宏观时，就不能看到细节。这就像显微镜或电镜的使用，必须调节放大倍数才能从不同层次上观察事物。《庄子》的“知天地之为稊米也，知毫末之为丘山也”，与佛学所说“一花一世界，一叶一菩提”颇为相通，每个物体深入微观仍然是一个丰富的世界，即使是宏大的世界本身，也可以归为一个整体。

通过对大与小、有和无的思考，中国古代先贤其实已经开始对极限或无限、无穷的思考。小到极限就是无,无限细分也是多,最大的象是无形,最小的象也是无形,大与小、有和无,彼此依存,相互作用。

唐末五代谭峭的《化书》中"形可以散,散而为万,不谓之有余;聚而为一,不谓之不足。当空团块,见块而不见空;粉块求空,见空而不见块",说的是一个物体散而为尘,数目众多,但其毕竟来自一个物体,也不能算多。颗粒团聚为块体,也不能算少,因为它也可以散而为万。这体现了大与小、局部与整体的思辨。一个物体放置于空间中,大家关注物体而不去关注其所处的空间。将物体足够粉碎散布于空间,大家看到的是虚空而不是物体。世人习惯注意到有形实体,很少有人关注无形空间。但是,《化书》的作者对物体所处的虚空产生了思考,这是一件非常了不起的事情。将块状物体粉碎到肉眼不可见,如果粒径为10—100纳米,那么其在水中形成液溶胶,在空中形成气溶胶,在激光或太阳光束的照射下能形成一条光路,这就是丁达尔现象。若进一步小下去,也许连仪器都无法探测。

野马尘埃热气气溶胶

丁达尔现象趣解

> 北冥有鱼，其名为鲲。鲲之大，不知其几千里也。化而为鸟，其名为鹏。鹏之背，不知其几千里也；怒而飞，其翼若垂天之云。是鸟也，海运则将徙于南冥。南冥者，天池也。《齐谐》者，志怪者也。《谐》之言曰："鹏之徙于南冥也，水击三千里，抟扶摇而上者九万里，去以六月息者也。"野马也，尘埃也，生物之以息相吹也。天之苍苍，其正色邪？其远而无所至极邪？其视下也，亦若是则已矣。
>
> 且夫水之积也不厚，则其负大舟也无力。覆杯水于坳堂之上，则芥为之舟；置杯焉则胶，水浅而舟大也。风之积也不厚，则其负大翼也无力。故九万里，则风斯在下矣，而后乃今培风；背负青天而莫之夭阏者，而后乃今将图南……
>
> 夫列子御风而行，泠然善也，旬有五日而后反。

上文出自庄子的《逍遥游》，其中"野马"二字所指何物历来令人颇为费解。有观点认为"马"字通"塺"(méi)，正好表示尘土之义。清代著名藏书家、书法家孙星衍对《一切经音义》中"野正"校正："或问：'游气何以谓之野马？'答云：'马，特塺字假音耳。野塺，言野尘也。'"南宋文学家鲍照在《登大雷岸与妹书》中写道："思尽波涛，悲满潭壑，烟归八表，终为野尘。"笔者以为，"塺"也可与"霾"相通，尘土飞扬之义。《楚辞》

中“誒埃时风之清激兮，愈氛雾其如塺”，这里的“塺”常释为尘，但“雾”字的存在也说明“塺”与“雾”有关联，至少都是微小的颗粒，都有模糊不清的意思。

另外，“马”字也可能通“沫”。“沫”者，水泡也、水汽也。这里，“野”字可能有两层含义：一是野外、旷野、远处；二是无拘无束、自由飘荡的样子。“野马”意思是飘散流动、晃晃悠悠、影影绰绰、似动非动的水泡、水汽，可以指旷野远处水面、沼泽等表面的雾气、水汽，也可以指代太阳照射在荒漠表面引起的热气对流及沙漠戈壁中远处的蜃景，有水泡、水汽，甚至可以延伸为小水滴或尘埃等细小颗粒在空气中的悬浮。有观点认为，水汽蒸腾或热气影绰状如野马奔腾或者是野马奔腾形成的飞扬尘土。例如，钟泰在《庄子发微》中写道：“野马者，泽地游气，晓起野望可以见之，形如群马骤驰，故曰野马。野马、尘埃，皆气机之鼓荡，前后移徙，上下不停，故曰‘以息相吹’。”又如，竺法护译的《如来兴显经》中云：“菩萨晓世一切所有悉为恍惚，犹如野马，人遥睹之如江河流而有波起，达士了之一，炎气无水。”笔者认为这两段文字的解释颇为准确：远处旷野的热气涌动，就像流水一般，又如万马奔腾、起伏不定，所以“野马”有水汽、热气之义。

庄子文中“野马也，尘埃也，生物之以息相吹也”，可以释为水汽、尘埃，是由大地生长万物的气息吹动而引起的。这里的“生物”绝不是我们常规所说的生物，而是天地化生万物之义。我国古人认为大地也会呼吸，就像人肺或者风箱，故称为橐龠。春天地气上升，所谓律吕调阳。天气下降，地气上升，天地交合，品物流形。天气上腾，地气下降，闭塞成冬。这种气息的流动或升降也会形成风。《礼记》有“前有尘埃，则载鸣鸢”，《孔疏》曰“鸢，今时鸱也。鸱鸣则风生，风生则尘埃起”，可见尘埃意味着风起。大鹏就是乘着大地六月的气息(风)扶摇而升空的。《逍遥游》后面又说“风之积也不厚，则其负大翼也无力。故九万里，则风斯在下矣，而后乃今培风”，进一步说明大鹏需要借助风势才能扶摇而上。其后又有“夫列子御风而行”，还是说的借助风的力量。《山海经》有“钟山之神，名曰烛阴，视为昼，瞑为夜，吹为冬，呼为夏，不饮，不食，不息，息为风”。宋代林希逸云“海运者，海动也，今海濒俚歌犹有‘六月海动’之语。海动必有大风，其水涌沸，自海底而起，声闻数里。言必有此大风，而后可以南徙也”。司马彪云“野马，春月泽中游气也”。成玄英道“青春之时，阳气发动，遥望数泽，犹如奔马，故谓之野马”。这里说的都是春季阳气发动引起的水汽升腾。

有趣的是，汉译佛经中“野马”一词大量出现。《阿含经》中有“色如聚沫，受如浮泡，想如野马，行如芭蕉，识为幻法”，这里“聚沫”“浮泡”“野马”三者并列，结合后面的芭蕉空心、幻法无常，可以看出三者都和虚幻、短暂有关，或者相同，或者相似。三国时佛经翻译家支谦译的《维摩诘经》中有“是身如芭蕉，中无有坚”，可知芭蕉空心之义。《道行般若经》有“野马本无所从来，去亦无所至，佛亦如是；梦中人本无所从来，去亦无所至，佛亦如是”，把“野马”和“梦”比对，无所从来，亦无所至，可见“野马”也是一种虚幻如梦之物。竺法护译的《修行道地经》中有“譬如夏热，清净无云，游于旷泽，遥见野马，当时地热，如散炭火，既无有水，草木皆枯，及若沙地，日中炎盛。或有贾客，失众伴辈，独在后行，上无伞盖，足下无履，体面汗出，唇口燋干，热炙身体，张口吐舌，劣极甚渴，四顾望视，其心迷惑，遥见野马，意为是水，谓为不远，似如水波，其边生树，若干种类，凫雁鸳鸯，皆游其中。我当至彼，自投坑底，复出除身垢热，及诸剧渴，疲极得解。尔时，彼人念是已后，尽力驰走，趣于野马，身劣益渴，遂更困顿，气乏心乱。即复思唯：我谓水近，走行有里，永不知至，此为云何?本之所见，实是何水？吾自惑乎？遂复进前，日转晚暮，时向欲凉，不见野马，无有此水。心即觉之是热盛炎之所作耳。吾用渴极，遥见野马，反谓是水”，更是明确了“野马”具有水汽、热气及蜃楼的含义。竺法护译的《如来兴显经》中“菩萨晓世一切所有悉为性惚，犹如野马，人遥睹之如江河流而有波起，达士了之一，炎气无水”，讲得更清楚了，远处旷野中热气涌动，就像江河流水一般，所以常人会误以为有水。《大智度论》中“一切诸行如幻，欺诳小儿，属因缘，不自在、不久住。是故说诸菩萨知诸法如幻、如炎者；炎以日光风动尘故，旷野中见如野马，无智人初见，谓之为水”，直接说明因为炎日引起热气升腾或者微细颗粒的飘散，状如“野马”，旅人误以为是水汽的蒸腾，以为下面有水。《佛说维摩诘经》中“是身如泡不得久立，是身如野马渴爱疲劳”，说的是身体像水泡、气泡一样只是短暂存在而不能长久，身体像旷野中虚幻的热气一样让饥渴的旅人误以为有水，徒然劳累前往而全无所得。

《佛光大辞典》解释了“野马”一词的含义：梵语 marici，译作阳焰、焰(炎)，全称野马泉，乃现于沙漠或旷野中的一种自然林泉幻象。即热气之游丝或尘埃现于远方时，其幻影如真实之树林、泉水，然趋近之，则又消灭。故知野马为假象，并无实体。以此比喻诸法之无自性，如幻影之不能久住。笔者以为，也有可能是在佛经翻译的时候，根据梵语发音 marici 将其翻译为“马”。如果确认庄子《逍遥游》的年代早于佛经进入中国的时间，则佛经翻译时可能还借鉴了《逍遥游》中“野马”的概念。在梵语中，marici 有光线、光粒、蜃景等含义，又可译作远处旷野由于热气或尘埃而形成的阳焰或阳炎。marici 还是佛教中隐身和消灾的保护神摩利支天，意为光或者阳焰。显然这种旷野中隐隐约约、虚幻可见的阳焰或者蜃景正好对应了摩利支天的隐身功能，隐身又是很好的保护功能。

唐代韩偓的《安贫》中“窗里日光飞野马，案头筠管长蒲卢”的“野马”显然指的是尘埃。用科学的语言来说，阳光透过窗户照射到室内空气中的尘埃，由于光在微小颗粒气溶胶的表面散射而形成了一种丁达尔现象的光学效应。辛弃疾的《水龙吟》中“回头落日，苍茫万里，尘埃野马”，刘克庄的《贺新郎》中“千古惟传吹帽汉，大将军，野马尘埃也”，“野马”说的都是尘埃。

根据以上分析，从科学的角度来看，无论是水汽、热气、尘埃，甚至蜃景，都不矛盾，因为它们都是空气中悬浮或飘扬的微细颗粒，科学上统称为气溶胶，在光的照射下呈现隐约模糊、游荡飞舞的样子，在特定条件下可能形成蜃景。而且“马”的声母为“m”，很可能借用塺、霾、沫、末等字的含义，均有微细颗粒之义。

圆形文化之化学符号

打破学科界限，探究符号的丰富内涵

从狭义上说，符号通常指用文字、数字、指示、标志、图案等指称一定的对象或表达一定意义的标志物。但是，从广义上说，符号可以包括能够表达意义的任何事物或现象，如语言、手势、图像、绘画、雕塑、音乐、科学，甚至风俗、文化等用于信息传递的各种形式或手段。符号的使用源远流长，史前符号更是遍布世界各地。在此，我们将以圆形符号为例，探寻其丰富的文化内涵。

圆形符号在世界各地、不同的文化体系中均有分布，表现出略有差异却又彼此相似的特点，具有显著的共性成分。从古至今，在人类的生活中，最为显著的圆形代表就是太阳。太阳代表了圆满与完美；太阳每日东升西落、循环往复，代表了开始、结束、周期与永恒；太阳为人类带来温暖和光明，是生命的"赐予者"，在人类心中占有极高的地位。可以说，圆形的性质及其衍生含义常常与太阳紧密相关。

除了用圆形符号代表圆，任何闭合环线或回旋符号都可以看作内在的圆形，具有相应的循环、重复、重叠、完全及圆满等含义。

在化学、科学或者语言、数学等领域存在很多与圆形相关的符号，比如句号"."及"。"、数字0、字母O、标准符号Θ、希腊字母Ω及无穷大∞。

在化学领域，元素周期表的周期称为period，但我们都知道period是句号的意思，那么，周期和句号有什么关联吗？Period来自希腊语和拉丁语，表示圆圈、环形、周围、再次发生、一段时间等含义，与词根peri-或单词cycle具有相关性。因为句号“。”是最小的圆，在英语中简化为圆点“.”，表示一个周期，一句话说完了就是一个周期。而元素周期表中横着的一排，体现了元素核外电子排布和化学性质的周期性，每一个横排代表一个周期，用period表示，也相当于说完一句话。

数字0源于古印度，虽然是椭圆形，但仍然属于圆形，具有周期的含义。从1到10为一个周期，11到20又是一个周期，10到100、1000如此循环往复，同样体现周期的规律。另外，在古印度哲学中，0为空，而空是真空妙有，本身也象征着圆满和全部，而这正是圆的含义之一。

在古埃及神话中，人们常常用眼镜蛇盘绕或首尾相衔的蛇来象征太阳的循环和永恒。蛇的蜕皮则代表复活与新生，对应着每天冉冉升起的太阳。西方炼金术士常用它们来表示物质的相互转化及无限循环。

有意思的是，我国古代的太极图也有相同的内涵与象征意义。圆代表整体、全部和圆满，其实也就具有“一”的含义。对“一”或整体进行二分，就产生了阴阳二元的思想。在中国传统哲学思想中，对立的事物彼此依存并相互转化，所谓物极必反，或者重阴必阳、重阳必阴说的就是这个道理。这里的转换、转化就有“圆转”的思想，典型的象征符号就是太极图。它可以用来表示太阳与月亮、白天与黑夜、冷与热、上升与下降、开始与结束等矛盾事物之间相互转化、既对立又统一的关系。正如老子“有无相生，难易相成，长短相形，高下相倾，音声相和，前后相随”的辩证思想。

需要注意的是，我们在探寻符号的丰富内涵时，不仅是以外观相似进行比较，还要关注不同符号形式内在的关联性。

比如，“太极生两仪，两仪生四象”，在对事物二分的基础上再次切分，就形成了“四分”，在中国传统文化中称为“四象”，对应春夏秋冬、东西南北、前后左右、木火金水、青龙朱雀白虎玄武等。从春夏秋冬、四季轮回可以看出其圆的特性,变化、循环、往复、周期、永恒等(图3.2)。

在四分的基础上加一个中,成为东西南北中,那就是“五分”了。在此基础上,古人形成了五行的思想,以金木水火土对应世间万物,如五帝、五星、五谷、五音、五方、五毒、五脏、五岳等,五行理论融入中华文化的各个方面。木生火、火生土、土生金、金生水、水生木,五行相生构成一个圆;金克木、木克土、土克水、水克火、火克金,这又是一个圆(图3.3)。

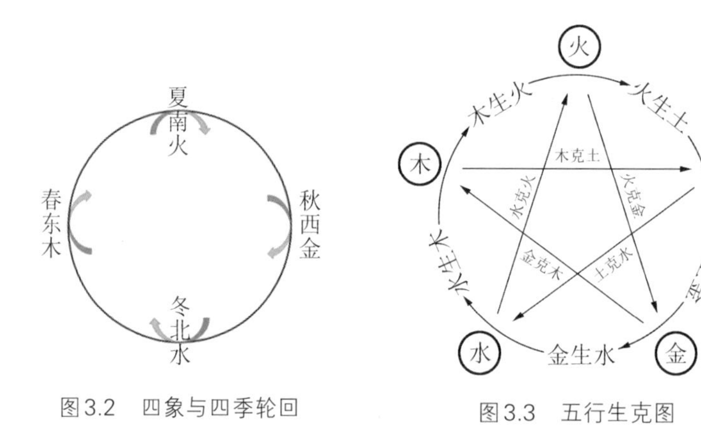

图3.2 四象与四季轮回

图3.3 五行生克图

而将圆形扭转得到“8”字形符号或图案,与符号∞奇妙对应,具有循环、永恒、无限的意思(图3.4)。例如,由狮子和鹰构成的“8”字形,类似中国的阴阳理论。狮子是地上的王,鹰是天上的王,对应硫黄和水银、太阳和月亮、固体和气体。狮子吞噬老鹰象征固体和气体、阴性与阳性

图3.4 各种文化下的“8”字形图案

的相互转化、连绵不断、永恒无限。圆圈内镶嵌的太阳和月亮也说明了其中所蕴含的阴阳的思想。此外,狮子吞噬老鹰也象征着硫黄和水银的结合,形成固化的硫化汞,使得水银丧失挥发性。

在中国传统文化中,伏羲女娲的尾巴以螺旋形缠绕,具有和"8"类似的形状,象征阴阳相合,万物化生,同样有永恒无限的含义。伏羲、女娲手持圆规和矩尺,前者画圆,为天,后者画方,为地,所谓天圆地方是也。另外,两者分别为方圆和规矩,所谓不以规矩,不成方圆是也。西方炼金术用合体的国王和王后象征硫黄和水银、阳性与阴性,他们同样手持圆规和矩尺。有意思的是,无论是伏羲女娲图还是国王王后图,它们的背景都是日月星辰。

三角形也是一个闭合的环。两个三角形的交错,则意味着循环往复,周而复始,既体现变化的永恒,又体现永恒的变化。六芒星(图3.5)就是由上下两个三角形组合而成,又叫大卫王之星,被认为是犹太人、炼金术或者塔罗牌的标志。一正一倒两个三角形恰好象征着火和水、太阳和月亮、白天和黑夜、正面和负面、积极和消极、生命与死亡、构建与破坏等对立关系,而两个三角形组合成的整体又意味着对立关系的统一,彼此的依存和转换。另外,六芒星也有水火土气四个三角形重叠交错的样式,体现了土水火气四元素的整合与平衡。

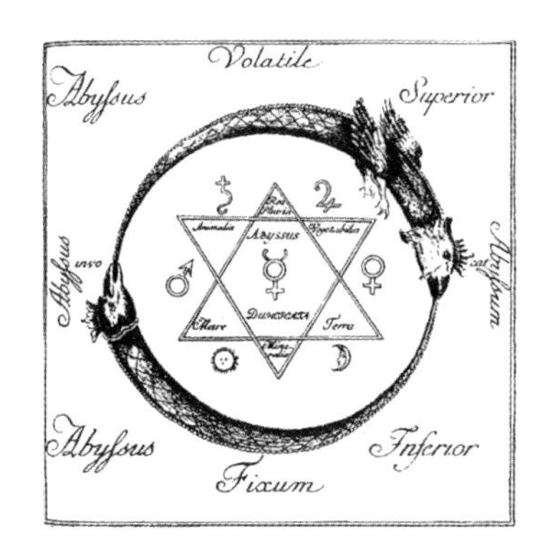

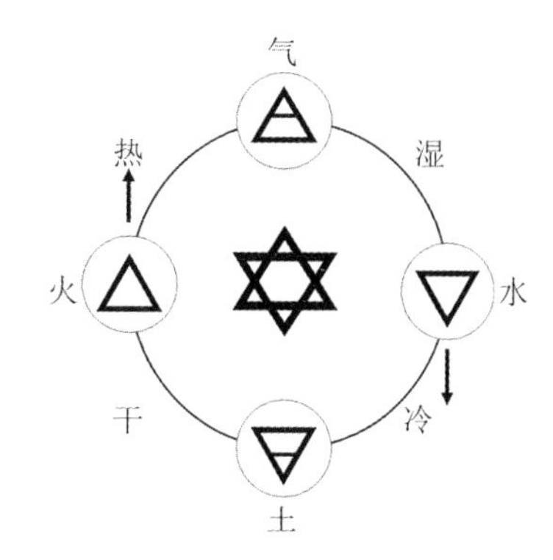

图3.5　六芒星

六芒星的中间是水星☿，对应着神的信使墨丘利，也对应着金属水银，用水银的液态和挥发性象征变化和循环；最下面是太阳☉、[symbol]和月亮☽，对应金属黄金和白银，象征阳性和阴性；中间两边是火星和金星，分别对应金属铁♂和铜♀，对应战神马尔斯和爱与美的女神维纳斯，象征男性和女性；最上面是土星♄和木星♃，对应金属铅和锡，对应农神萨图恩和雷神朱庇特，象征秋天和春天。显然，太阳和月亮、男和女、秋天和春天都体现了彼此对立和依存的关系，体现的也是阴阳变化的关系。这里，六芒星被赋予了七星体的含义。

其实，六芒星的符号与太极八卦图、两个“8”字形嵌套的蛇的图案等均具有一定的相通性。在《易经》中，以长横“—”为阳爻，以两个短横组成的断横“- -”为阴爻；用两个长横夹一个断横代表火，取其阳中有阴之义，也叫离卦。因为汉字“离”有离开、升腾、兴旺之义，对应火的性质，诗句“离离原上草”取其兴盛之义也；用两个断横夹一个长横表示水，取其阴中有阳之义，也叫坎卦，因为“坎”有下陷、水塘、蓄水之意，对应水的性质。在后天八卦图(图3.6)中，下卦为坎，上卦为离，组成未济卦，火上水下，火势压倒水势，大功未成，故称未济。下卦为离，上卦为坎，组成既济卦，水上火下，水火相通，大功告成，故称既济。在《周易参同契通真义》中有水火匡郭图(图3.7)，用黑白线条组合坎离二卦，左为

图3.6　后天八卦图

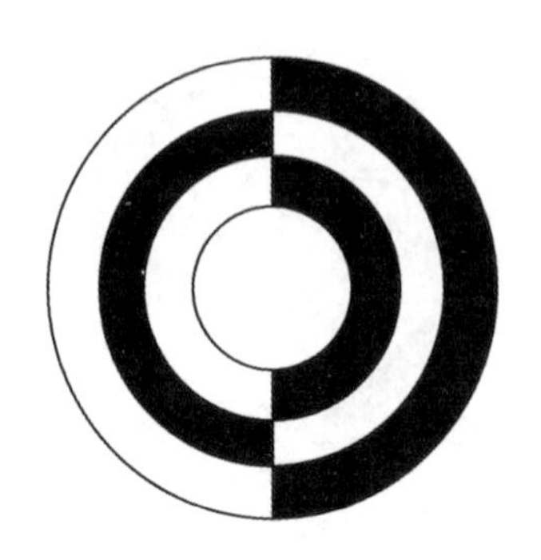
图3.7　水火匡郭图

水，右为火，所谓坎离相抱，阴阳配合之义，体现阴阳的平衡与协调。由此可见，西方炼金术用三角形表示水火与中国文化用长短或黑白线条表示水火，其内在思想极为相似。

在某种程度上，符号和语言是人类知识体系的总和，是人类一切文化现象和文明体系的集中展示。科学也是一种语言，每一门分支科学都是对本学科知识的系统性表达，既有语言的共性，也有语言的个性。科学符号并不是孤立的体系，而是与人类各种文明、文化现象有着千丝万缕的联系。

就化学而言，我们可以把炼金术看成是其符号的早期来源，经道尔顿及历代学者的借用、改造、发展，最终形成了丰富的化学符号体系。

对古代炼金术士来说，黄金的颜色与金黄色的太阳相对应，黄金的稳定性和贵重对应太阳的永恒和尊贵，因此金的符号用圆形的太阳⊙表示。

在书写化学方程式的时候，我们常常用正三角形（符号△）表示加热，这也是一个来自炼金术的符号。炼金术士根据亚里士多德的四元素论，用三角形表示土、水、火、气的四种符号。可以看出正三角形△象征火焰向上升腾，而倒三角形▽象征着水向下流淌。在正三角形上加上一横🜁，表示在火的基础上气体升腾；现代化学符号则进一步将其简化为上升的箭头↑，表示气体。在倒三角形上加一横🜃，表示比水更重而下沉的土；现代化学符号则进一步将其简化为下降的箭头↓，表示沉淀。这几个符号的设计思路非常符合中国造字六书之法中的指事，可见人类思维的相通性。

由日月轮回、昼夜更替等许多自然现象所推演的阴阳转化理论符合诸多化学现象和理论，如酸性碱性、氧化还原、溶解沉淀、正反应逆反应，以及共轭酸碱对的相互依存、利用油脂合成去污剂用于油脂的洗涤、因渗透压和电势差所引起的物质相互迁移等，均体现了矛盾对立双方的彼此依存和相互转化。

还记得前文提到的希腊神话中首尾相衔的蛇吗？据说，德国化学家凯库勒(Friedrich Kekule)的梦中灵感正源于此，引发他最终提出了苯环结构。

探究世界的奥秘，需要共性思维。任何事物都是一个复杂的统一整体，每个组成部分都不可能孤立地被理解，只有放在一个整体的关系网络中，与其他部分关联起来，才能被准确理解。有些符号表面上看起来风马牛不相及，分属于不同的知识体系，有着不同的起源，但实际上它们都体现着同一特点，具有相同或类似的衍生含义。因此，无论哪种符号都需要放到更广阔的文化视野下进行研究。

第四篇

探根溯源寻奇趣

化学之学道法术技艺

从技艺到学问

化学的英文是chemistry，有人风趣地称之为chem-is-try，意思是说"化学就是尝试、试验"，其实这只是一个巧合。

实际上化学是从古代炼金术发展而来的，chemistry一词来自阿拉伯词语alchemy，表示炼金术或神秘的技艺等含义。更古老的词源甚至可以追溯到古埃及词语khemia，其表示黑化的意思，是炼金术的第一个步骤。

说到化学（chemistry），我们很自然地想到数学（mathematics）、生物学（biology）、物理学（physics）、地理学（geography）等。奇怪的是，它们虽然在中文里都表示为"……学"，却在英文中有完全不同的构词方法。仔细分析，我们会发现，这些词根的含义存在不同的侧重点。

-stry表示技艺、体系以及系统性的知识体系。比如，chemistry（化学）、dentistry（牙医学）、forestry（林学）、floristry（花艺）、sophistry（诡辩）、palmistry（手相）等。而industry（工业）是一个行业体系。ancestry（祖先）可理解为一个家族体系。

-ics原指与……相关的专门研究，表示科学、学科、方法、经典等。比如，physics（物理学）、acoustics（声学）、dynamics（动力学）、economics（经济学）、logics（逻辑学）、analytics（分析学）、mechanics（力学），以及arithmetics（算法）、aerobics（有氧健身法）、basics（基本原理）、classics（典

范)等。

-ology与logic有关,有话语、逻辑、理性、真理等含义,表示由文字写作、逻辑推理所形成的系统性的知识、学科等。比如,biology(生物学)、enzymology(酶学)、petrology(岩石学)、demology(人口学)、geology(地质学)等。

这里要特别提到汉字"道"和英语词根"-ology/-logic"的相似性,它们都有话语、逻辑、理性、真理、学问、技艺等含义。韩语和日语也深受其影响,出现了跆拳道、武士道、茶道、花道等词语。

-graphy来自古希腊词汇graphe,原意为石墨,因为其是黑色的,可以用来写、画,从而有与书写、画画、绘图、测量、制表、统计等相关的技艺或研究的衍生意。比如,graphite(石墨或黑铅)、graph(图或图表)、cartography(制图学)、oceanography(海洋学)、geography(地理学)、crystallography(晶体学)、demography(人口统计学)、calligraphy(书法)、biography(自传)等。

-scopy来自古希腊词源skopein,原意为"看、观察"等含义,由此衍生出与光、观察、检测等相关的技术或方法的含义。比如,scope(眼界、审视、仔细研究)、scopy(镜检、检查法、观察)、microscopy(显微检查法)、spectroscopy(光谱学)、radioscopy(放射检测法)等。

-sophy来自古希腊词源sophia,表示"智慧"。Sophie、Sophia是欧美国家常用的女子名,译为苏菲或者索菲娅。philosophy(哲学)、chirosophy(手相学)等也取此含义。

-metry来自古希腊词根-metros,表示测量,与长度单位meter(米)同源,由此衍生出测量、检测、识别、仪表等相关的技术或学科的含义。比如,meter(米、仪表、计量器)、metric(米制的、公制的、度量标准)、stoichiometry(化学计量学)、amperometry(电流测定法)、potentiometry(电位分析法)、geometry(几何学)等。

有机组织与分析裂解

生命是有序的组织，而分析就是裂解

化学可以进一步细分为四大化学：有机化学（organic chemistry）、无机化学（inorganic chemistry）、分析化学（analytical chemistry）、物理化学（physical chemistry）。

有机化学与组织器官

有机化学的英文是organic chemistry，而一些类似的词却有不同的含义。比如，organ（器官、机构、元件、风琴）、organic（有机的、系统的、器官的）、microorganism（微生物）、organize（组织）、self-organization（自组织）、self-assembly（自组装）。

那么，这些词之间有什么关联？为什么把“有机的”称为organic？有机和器官、组织之间是什么关系？

organ最初的含义是乐器，特别是管风琴类的大型键盘乐器，由很多组件或元件按照一定规则有序组合而成。所以，organ一词有元件、机构、器官等含义，体现了一种有序性、结构性和系统性。大家知道，许多形态相似，结构、功能相同的细胞和细胞间质联合在一起构成的细胞群被称为组织（tissue），由多种组织构成的能行使一定功能的结构单位叫作器官（organ）。就“组织”的本义来说，它表示有序的集合体。也就是说，很多细胞按照一定的规则整合在一起形成组织；器官又是由细胞和组织按照一定规则有序地整合在一起形成特定功能的单元。

细胞、组织和器官是生命体的特征，因此organ也派生出生命体相关的含义，如microorganism（微生物）。

有机分子最初都是从生物体获得的，所以有机化学叫作organic chemistry，而之所以翻译为“有机”，则要从“机”字的含义说起。

“机”表示事物发生的枢纽，如生机、危机、转机等；表示对事情成败有重要关系的中心环节或由许多零件组成可以做功或有特殊作用的装置和设备，如机密、机器、机关等。因为生命体是由无数的细胞、组织或器官按照一定的规则有序地整合在一起，身体各部分各司其职却又相互关联协调而不可分，就像一个精密的仪器、装置或系统，因此被称为有机。

organ或者organic表示一种有序性、关联性和整体性，而self-organization/self-assembly表示分子间作用力促使分子自发地形成有序结构，故被称为自组织或自组装。

分析、分解、解析和裂解

分析化学英文为analytical chemistry，为什么称为“分”“析”呢？

其实“分”字上“八”下“刀”，“八”的本义同“扒”，和“刀”一起都表示切分；“析”字左“木”右“斤”，而斤为斧，以斧斫木，也是切分的意思。因此，分析就是切开、切细、分开仔细观察和研究，这正是分析化学的职能，定性或定量研究物质的组成、含量、结构和形态等化学信息。

分析的英文为analytical，下面我们来看一组含有-ly-的英文单词：lysis（分解/溶解/融化/裂解）、hydrolysis（水解）、electrolysis（电解）、photolysis（光解）、pyrolysis（热解）、hydrogenolysis（氢解）、glycolysis（糖酵解）、autolysis（自体分解/自溶）、bacteriolysis（溶菌）。

溶解、水解、电解、热解、酵解都有分解、拆散的意义。其实，分解分解,“分”不就是“解”吗?“解”字左边为“角”,右边上“刀”下“牛”,本义切分牛角,所以“解”字就有分、散、拆等含义。

词根-ly-来自古希腊词汇,源头甚至可以追溯到原始印欧语,表示分解、散开等含义,查询词源学可知:

analytical (adj.): from Greek analytikos “analytical,” from analytos “dissolved,” from analyein “unloose, release, set free,” from ana “up, back, throughout” (see ana-) + lysis “a loosening,” from lyein “to unfasten” (from PIE root *leu- “to loosen, divide, cut apart”).

可以看出analytical 和unloose、loosen、release、dissolve等词的关联,它们之间的共性成分只剩下一个字母“-l”,但它们的含义都和分、散、解等相关:

lose,失去或错过(走散);loose,松散/释放。

solve有解决、解答之义。该词汇同样来自原始印欧语词根se-lu-或者se-leu,其中-lu-/leu即为分解、分散、散开之意,solve就是把复杂的、难办的问题或事情解开、解决。

dissolve ,使溶解,让溶质分散在溶剂中。

solution,溶液,意味着一种溶质在溶剂中的分散。

resolution,精度/分辨率,体现对精细尺度的识别。

点击化学VS卡扣化学

声到事成，卡扣相连

2022年10月5日，瑞典皇家科学院宣布，授予美国科学家沙普利斯（K. Barry Sharpless）、贝尔托齐（Carolyn R. Bertozzi）以及丹麦科学家梅尔达尔（Morten Meldal）诺贝尔化学奖，以表彰他们发展的点击化学在简化有机合成方面的贡献。其中，沙普利斯和梅尔达尔奠定了点击化学的基础，而贝尔托齐则把点击化学带到了一个新的维度——生物正交化学。

"点击化学"的英文是click chemistry，又译为"链接化学"或"速配接合组合式化学"，是沙普利斯2001年第一次获得诺贝尔奖之后提出的一个合成概念，意思是通过分子小单元的拼接，使得分子结构单元快速有效地结合在一起，从而快速可靠地完成各种化学合成。点击化学的典型反应为铜催化的叠氮-炔环加成反应。点击化学技术在化学合成、药物开发和医用材料等领域中具有重要的应用价值。

从科学、语言以及科普的角度来看，click chemistry还可以翻译为"咔嗒/咔哒/卡搭"化学或者"卡扣"化学，具有生动、形象的特点。因为这种模块般的组合常常被比喻成乐高玩具的组合单元，或者安全带、行李包上面的锁扣、搭扣或卡扣，"咔嗒"一声就可以扣上或者连接，而这也正是click的本义：一个拟声词，表示清脆的声音，特别是卡扣吻合的声音。

诺贝尔奖委员会颁奖当天的新闻有一个有趣的标题“The Nobel Prize in Chemistry 2022: It Just Says Click-and the Molecules are Coupled Together”,这句幽默的表达就像在描述一个神奇的魔法,只需要说出神秘咒语“click(咔嗒)”,两个分子就组合到一起了,真是“声到事成,卡扣相连”!

“咔嗒”或“咔哒”一词的词义和语音能够完美对应,并且生动、形象,还自带声音效果,颇具妙趣!

而“卡搭”或许效果更佳,因为“卡”“搭”两个字均可直接表示两个物体的连接,同时保留了“咔嗒”的发音。甚至click chemistry还可以译为“卡扣”化学,一方面是含义吻合,另一方面两个字的声母都是k,符合click单词中的两个[k]音,也有拟声之趣。

click chemistry最早被译为点击化学,“点击”让人首先联想到的是鼠标的点击以及清脆的叩击声,但是缺少和卡扣、搭扣的直接联想,需要从点击联想到咔嗒,再从咔嗒联想到卡扣或搭扣,不够直观。

相比而言,翻译为“卡搭”或“卡扣”化学,形、音、义俱佳,特别是自带音效,颇有趣味。其中,“卡搭”拟声卡扣连接的声音效果更好,“卡扣”对应单词click的发音更好,两者各有千秋。无论如何,click chemistry的巧妙翻译对于准确表达该科学名词的含义,促进学生或公众对该科学技术的理解、传播和普及具有重要的意义。

其实,汉语中有很多类似的颇有妙趣的词语,如“乒乓”和“忐忑”。“乒乓”二字既有拟声,又有象形,两个字下方的左点和右点很形象地显示出乒乓球的来回运动方向。“忐忑”二字用上下来表示心神不宁,极为神妙。而且据考证,这是一个外来语Tantalos的翻译造字。据说,在古希腊神话中,腓尼基国王Tantalos是天神宙斯的儿子,因泄露天机而受到宙斯的惩罚。他被捆绑罚站在齐下巴深的水中,头顶上垂挂着诱人的果实。当他口渴想喝水的时候,一低头,水便一下子退去;当他饥饿想吃果子的时候,一抬头,果实又升了上去。这样一种充满诱惑而又无法企及的尴尬处境后来被称为Tantalos。Tantalos最初是拉丁词,后来它的词根tanta先后进入意大利语、法语、德语、英语,构成及物或不及物动词、分词、形容词、副词等,表示逗弄、引诱、使难受等含义。这个词也辗转进入汉语,根据其读音和含义,创造出"忐忑"这个音义俱佳的翻译词语。

这些名词的定名及翻译,不禁让人拍案叫绝。语言之美、语言之趣,与所表达或传递的内容思想一起,给人留下深刻的印象。如果科学名词的定名及翻译在"信"的基础上,能多关注"达"和"雅",那么科学不再是枯燥的、干瘪的、乏味的语言,而是生动的、活泼的、有情的、有血有肉的。这样,科学与人文即可完美地融合在一起。

化学元素的趣味命名

文化丰富内涵多

19世纪初的欧洲，随着越来越多化学元素的发现以及各国学者之间频繁的交流，化学家认为有必要统一化学元素的命名。瑞典化学家贝尔塞柳斯(Jöns Jakob Berzelius)率先提出，用欧洲各国通用的拉丁文来统一命名元素，单词末尾常以-um或者-ium为词根，从此改变了元素命名上的混乱状况。

通常元素的缩写符号取自拉丁文，而不是英文，这就是为什么很多元素符号看起来和英文没有关系的原因，比如Na元素的英文是sodium，但其缩写符号来自拉丁文natrium。

化学元素的名称常常取自神话人物、星宿、发现者、发现地，以及元素的性质等。下面就分类进行介绍。

以神话人物命名的元素

He/helium(氦)：古希腊神话太阳神——赫利俄斯(Helios)。

Pm/promethium(钷)：古希腊神话偷火被处罚的神——普罗米修斯(Prometheus)。

Se/selenium(硒)：古希腊月亮女神塞勒涅(Selene)，与Selene同源词语包括selenite(透明石膏/月亮石)、selenology(月球学)、selenodesy(月面测量)、selenodont(半月齿)等。

Ta/tantalum(钽):古希腊神话宙斯之子坦塔洛斯(Tantalus)。

Th/thorium(钍):北欧神话雷神索尔(Thor),与雷电(thunder)、星期四(thursday)同源。

Ti/titanium(钛):古希腊神话中的巨人泰坦/提坦(Titan)。冰海沉船泰坦尼克号(Titanic)也是以此命名,以象征其巨大的身形。

Pa/palladium(钯):古希腊神话女神帕拉斯(Pallas)。

以星宿命名的元素

Ce/cerium(铈):谷神星。

Np/neptunium(镎):海王星。

Pu/plutonium(钚):冥王星。

U/uranium(铀):天王星。

以地名命名的元素

Am/americium(镅):美洲(America)。

Cf/californium(锎):加利福尼亚(California)。

Eu/europium(铕):欧洲(Europe)。

Fr/francium(钫):法国(France)。

Ga/gallium(镓):法国拉丁古名(Gallia)。

Ge/germanium(锗):德国(Germany)。

Lu/lutetium(镥):巴黎拉丁古名(Lutetia)。

Sr/strontium(锶):苏格兰村庄(Strontian)。

Y/yttrium(钇)、Yb/ytterbium(镱):瑞典小镇(Ytterby)。

以人名命名的元素

Cn/copernicium(鿔):哥白尼(Nicolaus Copernicus)。

Cm/curium(锔):居里夫人(Marie Skłodowska-Curie)。

Es/einsteinium(锿):爱因斯坦(Albert Einstein)。

Md/mendelevium(钔):门捷列夫(Dmitri Ivanovich Mendeleev)。

No/nobelium(锘): 诺贝尔(Alfred Bernhard Nobel)。

Rg/roentgenium(轮):伦琴(Wilhelm Conrad Röntgen)。

以元素特性命名的元素

Ar/argon(氩):原意懒惰、不活泼。

S/sulfur(硫):原意鲜黄。

Be/beryllium(铍):原意变白。

Bi/bismuth(铋):原意白色物质

I/iodine(碘):原意紫色、紫罗兰。碘酒(iodine)也是紫色的。

Cr/chromium(铬):原意颜色、彩色,与colour同源,因为铬的化合物常呈现各种鲜艳的色彩。

Chroma-与colour同源,也具有彩色条纹的含义,而chromatography(色谱)最初的含义就是将样品中的不同组分分离并显色,后来则演变成分离的含义。比如,chromophore(生色基团)、chromosome(染色体)、chromatography(色谱法)、cytochrome(细胞色素)、monochromatic(单色、单色光的)。

Ru/rhodium(铑):来自希腊词汇rhodon ,意为rose玫瑰色,因铑盐的溶液呈现玫瑰的淡红色而得名。rhodamine(罗丹明)是一种红色荧光染料。rhodolite(红榴石)、rhodonite(玫瑰石)都与玫瑰的红色相关。

Mg/magnesium(镁)和Mn/manganese(锰):这两种元素的名称看起来非常相似,是不是有什么联系呢? 其实,它们都来自古希腊词源magnesia氧化镁,被认为是炼金术传说中哲人石/魔法石的主要成分。

可以发现magnet(磁铁)、magnetic(磁性的)、magic (魔力的、有吸引力）、magnificent（壮丽的、引人赞叹的）、megacity（大城市）等更多的词语之间的关联：磁性是有吸引力的，魔法/魔术是吸引人的，磁性相吸就像魔法一样，大的事物是壮观的、神奇的、引人赞叹的……

以数字命名的元素

1977年8月，国际化学会无机化学分会作出了一个决议，即决定从104号元素之后，不再以人名、国名等来命名；新发现的元素一律开始采用元素的原子序数来命名，即按元素原子序数的拉丁文数词的缩写命名，依次排序，并在结尾加上"ium"。比如，第147号元素为unquadseptium，其中un-相当于one，表示"一"，-quad-表示"四"，-sept-表示"七"，词尾-ium代表"元素"。

显然，元素的命名既有人文的浪漫，又有科学的严谨，体现了科学与人文的融通。

细胞电池与切割刻度

细胞和电池为啥都是cell?

细胞和电池

细胞和电池在英语中都是cell,这是为什么呢?

cell最初的意思是小房间,特别是监狱或修道院里相连但实则分隔开来的一个一个的小房间。显微镜下,植物的细胞正是一个挨着一个、紧密相连的小格子,就像小房间一样,所以用cell来表示细胞。另一个变化形式是cyto-,也表示细胞,如cytochrome(细胞色素)、cytotoxicity(细胞毒性)。

最早的电池是伏打电堆,由多层银和锌成组叠合而成,一格一格、彼此相连,后来人们便把一个单独的电池称为cell。

手机又称为cellphone,因为它就像一个盒子、一个小房间。当然手机也可称为handphone、mobilephone。

其实,字母C来自古埃及象形文字 或者 ,代表镰刀或弯刀,以字母C开头的单词有很多,而它们大多数具有切割、刻画的含义,对应汉语“戈、割、刻、隔、格、个、各、颗、块”等,含义和发音颇为相似,如cut(割)、carve(雕刻)、chop(砍或剁)、chip(碎片)、chisel(凿子)、crash(坠毁、摔坏或破裂)、crevice(缺口或裂缝)、cancel(取消)、cede(割让)、chunk(块或厚片)、sect(小块)、cube(立方体)、cutter(切割器)等。

从“切割”派生出小格子、小房间等含义，如cell（细胞、小室）、closet（小房间、壁橱）、cubin（小屋）等。

由“切割”还可以派生出“团体、班级、种类、派别”等含义，如category（种类）、class（班级、层次或分类）、clan（宗族）、country（国家）、county（县）、cult（宗派）等。

在这一点上，汉字“班”与此相似，其甲骨文写作，中间就是一把刀，两边的“王”表示玉器，说文解字作“分瑞玉”。因此，“班”的原意是分割，后来派生出班级、班组等表示团体的词。

李白《送友人》有诗“挥手自兹去，萧萧班马鸣”。学生很难理解什么是班马？会不会是斑马？为什么班马表示离群的马？如果结合“班”的甲骨文就很好解释了：“班”的本义是“分瑞玉”，衍生出分离、分隔的含义；“班马”表面说的是马，其实说的是人，孤独远去的人，或者指一人一马。对应诗句，李白要表达的是，和送别的亲友挥手告别，一人一马孤独地离开远去之意。

刻度和毕业

说到班级，我们继续来看看年级和毕业相关的词汇。

比较graduated cylinder（量筒）和graduated pipette（刻度吸量管）两个单词，我们可以发现两者都有graduated，我们都知道graduate是毕业或者研究生的意思，它和量筒、刻度吸量管有什么关系呢？

grade表示阶段、等级、排列、年级，而class（班级）和grade（年级）含义是相通的，班级是对一个年级进行纵向切分，分为一个一个班级；年级是对全校进行横向切分，分为一个一个年级。本质上都是切分。

我们甚至可以认为，graduate（毕业）和class（班级）、grade（年级）的含义也是相通的，因为毕业是完成整个学校阶段的学习，进入更高阶段的学校，如小学毕业进入初中、初中毕业进入高中、高中毕业进入大学。graduate 表示量筒、渐变、毕业、研究生等含义，均有分步、分阶段、一级一级变化的意思。量筒或者刻度吸量管上均有一级一级的刻度。实际上，graduate 与 grade 同源，来自共同的原始印欧语词根，原意为 go，走，一步一步地走，从而衍生出分级、分步的含义。

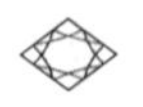

糖甜胶黏与盐咸薪水

观察相似词汇,分析内在渊源

比较单词glucose(葡萄糖)、glycine(甘氨酸)、glycerol(甘油),它们都有gl-。我们不妨大胆地想一想,这几个单词开头都是gl-,那么它们之间有什么相关性吗? 仔细比较含义,它们的共同之处就呼之欲出了。

glue(胶黏物),是黏性的;glutamic acid/glutamate(谷氨酸)与glue有相同词源,因为谷氨酸从面粉中提取,而面粉也是黏性的;glutin(明胶),是黏性的;glucose(葡萄糖),糖是黏性的。

glycine(甘氨酸),有甜味,所以翻译为“甘”;glycol(甘油),有甜味,在食品中常用作甜味剂;glycogen(糖原)、glycolysis(糖酵解)、hyperglycemia(高血糖),都和糖有关。

的确如此,glu-或者gly-来自古希腊语,有黏性、糖、甜味相关的含义。

glutaraldehyde(戊二醛),一种对氨基具有交联特性的分子,其中glutara-表示黏性的意思;-aldehyde(醛),原意为醇的脱氢产物,-de-为脱去,-hyde是氢。

相似的,gel(凝胶),也有胶黏之义;sol gel为溶胶/凝胶,gelatin为凝胶/明胶。

再仔细分析glucose,其实不仅仅glu-表示糖,其后面的-ose也表示糖,如glucose(葡萄糖)、fructose(果糖)、sucrose(蔗糖)、galactose(半乳糖)等。

还有一些物质中文名字中没有糖字,但实际上是多糖,如amylose(直链淀粉)、cellulose(纤维素)等。

按照上述方式观察相似词语,分析其内在渊源,的确是一件非常有意思的事。比如,salary是薪水的意思,它的词根与salt(盐)一致。据说,在古罗马时代,为帝国服务的战士得到的薪酬就是盐,在当时盐就相当于货币了。

有趣的是,汉语中把工资称为薪水,而"薪"的本义是柴火,柴火也是生活必需物资。我们常说开门七件事,柴米油盐酱醋茶。无论是汉语中采用的"柴"或"薪"表示工资,还是英语中采用的"盐"表示工资,都是生活必需品,可见汉英思维的共性。

经过提纯而形成结晶的物质或成分,常以-in结尾,具有内在的、本质的含义,常常被翻译为素、质、精、华等字,如chitin(壳素/角质)、insulin(胰岛素)、casein(酪素)、melanin(黑色素)、letein(叶黄素)、erythromycin(红霉素)、chlorophyll(叶绿素)、aureomycin(金霉素);protein(蛋白质)、chromatin(染色质);saccharin(糖精)等。

它们体现物质或事物中最为纯粹、美好的部分,所以很多化妆品或药物都以此命名,暗示顾客这是提纯过的、美好的、珍贵的产品,如精华素、精华霜、精华露、胎盘素、透明质酸、纯素、精油等。这里霜、露也是由水凝聚而成的,也有精华美好之义。一个人的素质即一个人最根本的品德与修养。

有趣的是,在数学上,质数又称素数,指的是一个大于1的自然数,除了1和它自身,不能被其他自然数整除的数。其他的数则称为合数,都可以由质数相乘得来,所以质数体现的是数的基本成分,最为纯粹的部分。

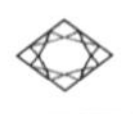

同异相生与对立统一

矛盾的事物总是彼此依存

同异相生之彼此依存

iso-（同）：isotope（同位素）、isoelectric point（等电点）、isotherm（等温线）。

iso-（异）：isomer（异构体）、isooctane（异辛烷）、isolate（分离）。

比较上面两组词语会发现一个有趣的现象，就是iso-词根有时翻译为“同”，有时则翻译为“异”，完全是两个反义词！这是怎么回事呢？仔细思考，也不难理解：同位素是指具有相同质子数、不同中子数或同一元素的不同核素互为同位素，这里isotope（同位素）强调的彼此之间共同的部分——“相同质子数”；异构体是指具有相同化学式、不同结构的化合物，这里isomer（异构体）强调的是彼此不同的地方——“结构不同”。

所以，对同位素而言，尽管它们具有不同中子数，但有相同质子数；对异构体而言，尽管它们具有相同化学式，但有不同结构。正所谓“同中有异、异中有同，彼此相依，共同存在”，亦如老子在《道德经》中所言：“故有无相生，难易相成，长短相形，高下相倾，音声相和，前后相随。”

对立即互补

著名丹麦物理学家玻尔(Niels Bohr)认为,矛盾的事物在更高层次上是统一的,并提出了影响量子力学的重要原理——互补原理。中国有句老话,“不是冤家不聚头”亦符合辩证法中“对立统一”的规律。在语言学中,无论是汉语还是英语,都有一个有趣的现象,就是含义相反的字、词常常成对出现,往往具有相似的发音或字形。

比如,在英语中 man 是男人,而 woman 是女子;male 是男人,而 female 是女子;lawyer 是律师,而 lawyeress 是女律师;host 是主人、接待,hotel/hostel 是主人接待客人的地方(旅馆),hospital 是接待病人的地方(医院),hospitality 表示的是好客,但 hostile 却是敌意的。

汉语中也有很多例子,如“受”表示接受,而“授”表示给出,在古文中“受”既表示接受,又表示给出;“乘”表示登高上升,而“承”表示在下顺服承接;“宾”既表示客人,又表示主人接待客人;“阴”与“阳”皆以声母 y 开头;“好”和“坏”皆以声母 h 开头;“教”与“学”的甲骨文分别是、,的左部是小孩面前摆放着计算用的蓍草,右部是一只手拿着一根教鞭(代表先生);是小孩用两只手摆弄蓍草,从中我们可以看出,“教”与“学”的甲骨文具有很多共同的成分。

化学上有很多这样成对出现的词语,下面举几个既简单又典型的例子。

上下

sup-(高、超):super(优秀的/高级的)、superior(高位的/上标的)、supervise(指导/监督)、supramolecular(超分子)。

sub-(下/低/小):suborder(亚目)、submucosa(黏膜下层)、subclone

（亚克隆）、subcellular（亚细胞）、subsection（小节/分部）。

内外之间

inter-（不同事物之间）：intermolecular（分子间的）、inter-school（校与校之间）。

intra-（同一事物内部各部分之间）：intramolecular（分子内的）、intra-school（校内各队之间）。

亲疏

philo-（亲/爱）：hydrophilic（亲水的）、nucleophile（亲核试剂）、lipophilic（亲脂的）。

phob-（疏远/恐惧）：hydrophobic（疏水的）、phobe/phobia（恐惧）。

超低

ultra-（超）：ultrasonic（超声的）、ultraviolet（紫外）、ultrafiltration（超滤）。

infra-（低）：infrared（红外的）。

有趣的是，紫外和红外虽然都翻译为“外”，但ultra-和infra-的本义却是截然相反的，一个表示高于，另一个表示低于。原来，在电磁波谱图中，红外和紫外分别位于可见光谱的两端外，紫外的频率高，能量高于可见光的紫色端，而红外频率低，能量低于可见光的红色端。

高低

hyper-（高/超）：hyperoxide（超氧化物）、hyperglycemia（高血糖）、hypertension（高血压）、hype（过度宣传）、hyperacid（酸度过高的）。

hypo-（低/次）：hypoglycemia（低血糖）、hypothermia（低体温）、hypodermic（皮下的）、hypochlorous acid（次氯酸）、sodium hyposulfite（硫代硫酸钠）。

这里要多提一下hypothetical（假设的/假想）这个词。它源于古希腊词汇，hypo-表示低于，-thetical表示-thesis/theory（理论/学说），连在一起就是低于理论的，因此是假想的。hypothetical gas意思是理想气体，也就是假想的气体。

相似相同之同类相聚

物以类聚，人以群分

我们常说物体、物体，有些单词我们既可以翻译为物，也可以翻译为体。

-mer（体/物）：isomer（异构体）、polymer（聚合物）、dendrimer（树枝状聚合物）、oligomer（低聚物/低聚体）。

-some（体）：chromosome（染色体）、genesome（基因体）、allosome（异染色体）、chondriosome（线粒体）、centrosome（中心体）、lipsome（脂质体）。

这里的-mer词根可能和more、many、much等词同源，表示数量之多，很多成分组织到一起形成物、体，而且这些成分在某些方面具有共性或者相关性，否则不会聚集到一起。

与此相似，-some和单词some同源，表示一些。显然，同类相聚为群，成为物、体。进一步分析，也可以看出它和下面这些词汇或词根的同源性。

same（相同的）；

similar（相似的）、simulate[模拟（有相似的意思）]、simultaneous（同时发生的）；

sum（总数/归纳）、summary（总结）、resume（简历/个人总结）；

symmetry（对称）、synchronia（同时性/同步性）、synthesis（合成）；

semble（看起来好像）、assemble（集合/组装）、self-assembled-monolayer（自组装单层）。

sem-和sam-都表示相同或相似，由此衍生出sem-的另外一个含义——“半”，如semicircle（半圆）、semiconductor（半导体）。可以想象，一个物体一分两半，具有彼此相似对等的含义。一学期（semcster）其实就是半学年的意思。甚至单词six也与sem-同源，因为半年是6个月，半天是6小时。

semi-的另外一个形式是hemi-，其也表示“半”，和half有关联，如hemisphere（半球）。除此之外，demi-也表示“半”，如demigod（半人半神）、demibariel（半桶）。

比较six和hex-都表示六；sept和hept-都表示七，似乎s和h之间存在着某种变换。另外，hyper-与super-均表示“高、超、上”之义，其中hyper-来自古印欧词根super-，由此也可以看出s和h的转换关系。

邻位间位对位波罗蜜

深入化学词汇的文化内涵

在有机分子的名字中常用o-、m-、p-分别表示邻位、间位、对位，这有点难记忆，也容易混淆。通过语言分析可以深入其文化内涵，有助于理解和记忆。下面以邻苯二胺、间苯二胺及对苯二胺为例(图4.1)。

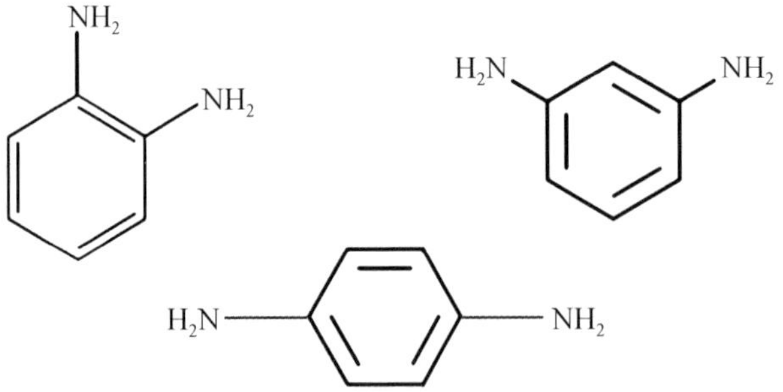

图4.1　邻苯二胺(左上)、间苯二胺(右上)、对苯二胺(中)

o-/ortho-(邻/正位)：o-phenylenediamine(邻苯二胺)、orthosilicic acid(正硅酸/原硅酸)。

其实，ortho-与author-同源，表示正、直、方、高、对的、正确的、合适的、标准的、规则的。比如，authority表示权威、权力、专家，authorize表示授权、批准，两者都意味着正确、标准和规则。而author是书的作者，代表了所写著作的拥有者和权威者。以o-/ortho-表示邻位或正位，意味着把首先发现的邻位化合物作为标准和规范。

m-/meta-(间位)：m-phenylenediamine(间苯二胺)、metasilicic acid

（偏硅酸）。

meta-来自古希腊语，意思是在……之后、在……之间、改变、升高、超出等含义。m-/meta- 表示间位，意味着在两者之间空出一个位置作为间隔，同时相对于o-/ortho-（邻位或正位而言），meta-（间位）是后发现的，意味着一种改变或者变化。

p/para-（对位）：p-phenylenediamine（对苯二胺）。

para-原意为河流两岸，由此衍生出对位、对岸、渡过、穿越、超越之义。两岸有平行（parallel）的意思。因为是两岸，所以有渡河的意思，而渡河意味着穿越、跨越、到达一个新的领地和境界、最高境界。与英语同属原始印欧语系的梵语以佛教语言进入汉语，比如波罗蜜（paramita）为渡、到彼岸、超越数量、无量之义；-mita也就是mount，表示数量。热带水果菠萝蜜的名称可能也和佛教的传入有关。这种水果的外观很像释迦牟尼的发髻，也类似水果释迦、菠萝，故而得名佛头果、洋波罗、番菠萝（图4.2）。

图4.2　释迦牟尼（左上）、释迦（右上）、菠萝（左下）和菠萝蜜（右下）

同属原始印欧语系，在英语中有一个和梵语波罗蜜（paramita）相似且同源的单词paramount，表示最高的、至上的、最重要的、主要的、卓越的、最高权力的、元首、首长，派拉蒙影业公司（Paramount Pictures）想必也是取意于此。

上海过去著名的娱乐场所百乐门，其英文名称为Paramount Hall，这里的百乐和paramita的极乐对应得极好。

与邻位、间位、对位相似的一组词有diamagnetism、paramagnetism、ferromagnetism，分别表示反磁性、顺磁性和铁磁性。

diamagnetism的词根dia-，实际上等同于di-，表示"二"或者"二分、分开"的意思，如dilemma（进退两难）、divide（分开）、different/distinct（不同的）、distinguish（区别）、dispute（辩论）、distribution（分发）、dielectric（电介质/电介体）等。diameter（直径）、diathermy（透热法）、diagram（图）等词中的dia-表示通过/横过，即表示跨越两端，diameter（直径）就是从一端到另一端的长度，diagram（图）就是从一端到另一端的图。因为是横跨两端，所以有相反的意思，因此diamagnetism表示抗磁性，意思是抵抗磁场作用的性质。这一点和para-类似，原意是河流两岸，结果也派生出对面、相对的含义。

但是，paramagnetism一词中的para-并未取其对岸、对面、反对的含义，而是从河流两岸的平行关系衍生出顺行、顺应的含义，因此paramagnetism表示顺磁性，意思是对磁性有很弱的响应。

微小粒子与聚集成团

质子、中子、石子、弹子都是“子”

质子、中子、电子和离子

比较proton(质子)、neutron(中子)、electron(电子)三个基本粒子的英文名称,可以发现一个共同的词根:“-on”。类似的词还有:ion(离子)、cation(阳离子)、anion(阴离子)、fermion(费米子)、soliton(孤子)、mesotron(介子)、boson(玻色子)等。

其实-on与one、a/an、un-等表示“一”的词或词根同源,均来自原始印欧语oi-no-,同源词根的词有lone(单独的)、alone(单独地)、none(没有一个)、once(一次)等。

-on与one有很好的对应,表示“一个”,翻译为“子”也是恰到好处。在汉语中“子”可用来表示一粒一粒、一个一个的事物,如粒子、原子、鱼子、珠子、种子、弹子、石子、圆子、鸡子、筷子、桌子、兔子、汉子等。

“一”也有独立、孤立、分离、反对的意思,所以原始印欧语oi-no-形成的词根a-、an-、un-、in-也有分离、反对等含义。显然,ion与one同源,之所以翻译为离子,是因为它能够解离进入溶液后溶解分散。

有趣的是,原子的英文为atom,其中a-表示否定,-tom表示分割,也就是不可分割的意思,说明原子是物质的基本单元。这里原子的-tom和离子的ion有相似之处,都有分离的意思。

摩尔、分子和量子

mole(摩尔)一词常常用来描述原子、分子、离子等微观粒子物质的量。每1摩尔任何微观粒子均含有阿伏伽德罗常量(约$6.02×10^{23}$)个微粒。对中小学生来说,这个最基本的概念却是很难理解的,到底什么是摩尔? 什么是物质的量?

比较mass、mole、molar、molecule几个同源词语,或许有助于我们理解。

mass表示团、块、堆、大量、许多、质量、大批的、数量极多的、集结、聚集等含义。

mole来自拉丁词源,"a mass"表示一大块的意思,意味着一堆、一包、很多微观粒子的集合。

molecule(分子),是一堆原子的集合体。

由此可见,这几个单词都有很多、一堆、聚集等含义。因为微观粒子体积极小、数量巨大,不便于计数,所以把$6.02×10^{23}$个原子或分子作为一个单元或集合体来计算,并将其称为物质的量,这个单元或集合体的单位为摩尔。这就好像一袋大米,其实由很多粒大米组成,如果用粒数表示,计算工作量将是巨大的,但说成"一袋"就很方便了。

与其类似,还有一个词是quantum(量子),来自拉丁语quantus,意为"多少",代表"相当数量的某物",同源词有quantity(数量)、quantify(定量)。一个物理量如果存在最小的不可分割的基本单位,那么这个物理量则是量子化的,人们把最小单位称为量子。但实际上,这个最小单位也意味着一定的量。所以,在某些情况下,量子可以看作a "packet" of energy(一"包"能量)。

火热煅烧产生卡路里

换了马甲也要识别出同源词汇

在化学上，表示热或者燃烧、煅烧的词有不少，下面以“pyr-”及“c-l-或c-r”两组词根为例进行介绍。

pyr-

pyr-，焦/火/热，古希腊词根，与fire同源（字母p和f中间存在一定的对应关系），有“火、热”含义，在化学上常翻译为“焦”，与加热脱水有关，如：

pyrogen（热原）、pyrolysis（热解）、pyrophosphate（焦磷酸盐）、pyrogallol（焦酚/邻苯三酚/焦性没食子酸）。

pyrometer（高温计）、pyroelectricity（热电）、pyromania（纵火狂）。

pyrexia（发热）、antipyretic（退热的、解热剂）。

焦酸是由两个简单含氧酸脱去一分子水而形成的，所以又称重酸。如：

$2H_2SO_4-H_2O = H_2S_2O_7$（焦硫酸，disulfuric acid/pyrosulfuric acid）

$2H_2CrO_4-H_2O = H_2Cr_2O_7$（重铬酸，dichromic acid/bichromic acid）

注意，之所以翻译为重铬酸是因为其分子式$H_2Cr_2O_7$中有2个Cr。

c-l-、c-r-

calorie(卡路里)、calcium(钙)、chalk(粉笔)、calculate(计算)、carbon(碳)、ceramic(陶器)、coal(煤炭),若把这些词放在一起,你能想象出它们之间的关联吗?

其实,cal-、car-、cer-、chal-、coal来自古印欧词源,都与"热、烧"有关,其中字母r和l互换,a、e、o元音互换:

calorie(卡路里/大卡,热量单位)、calorimeter(量热器)、carbon(碳,烧制而成的)、ceramic(陶器,烧制而成的)、coal(煤炭,可烧的)。

calcium(钙)、calcination(煅烧)和石灰的制造工艺有关。石灰是用碳酸钙含量高的石灰石、白云石、白垩、贝壳等为原料,经高温煅烧而成。

chalk(白垩/粉笔)也来自calx(白垩),是碳酸钙的沉积物。

calculate(计算)这个词也许和古人用小石子计数有关,而这些小石子常常是石灰石。这一点也可以从单词calculus看出来,它既有微积分、演算法、计算等含义,也有石头和结石的意思。

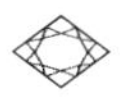

什么是化学键化合价

对语言文字的掌握有助于概念的理解

化学键是分子内或晶体内相邻两个或多个原子(或离子)间强烈的相互作用力的统称,但是,对很多人来说,难以理解为什么把这样的一种作用力叫作“键”?

下面,从语言的角度来分析这一概念,首先看化学键的英文定义。

Chemical bonds: Attractive forces that hold atoms together in elements and compounds.

将其翻译为中文就是,化学键:在单质和化合物中把原子结合到一起的吸引力。

bond其实和bind同源,而bi-是“二”的词根,所以bond表示把两个或多个物质结合、联合在一起,chemical bond表示把原子结合到一起的作用力。

有趣的是,单词bond发音近似汉字“绑”,在半导体行业常表示键合的含义,通常直接音译为“邦定”工艺,就是芯片在生产过程中的一种打线方式,用于封装之前、把芯片里面的电路用金线或者铝线与封装管脚或线路板镀金铜箔连接。

邦迪(Band-Aid)是美国强生公司的一种用于保护小伤口的创可贴的注册商标,这里的band也和bind同源,表示粘贴、捆扎、捆绑的带状物。

汉字“键”表示把两个物体锁定或固定在一起，比如门闩或者车辖等，如《说苑》中有“五寸之键，制开阖之门”，《说文解字》中有“键，一曰车辖也”。所以，化学键表示把原子结合到一起的作用力。常用横线符号来表示这种两个相邻原子之间的作用力，如$CH_3CH_2—OH$或者。

另外，化学中还有一个比较难理解且相对抽象的词是化合价。尽管我们知道它的定义是物质中的原子得失的电子数或共用电子对偏移的数目，表示原子之间互相化合时原子得失电子的数目，也是元素在形成化合物时表现出的一种性质，可是我们不理解的是它为什么用“价”来表示这个概念。

汉字“价”表示物质或商品之间相互比较和交换的基础，如价值、代价等。而化合价的英文是valence，其实是value的同源词，表示价值、价格的意思，也体现交换比较的关系。比如，氯离子为-1价，钠离子为+1价，在形成化合物氯化钠时它们就是一比一的配比关系；钙离子为+2价，需要两个氯离子和它组合；铝离子为+3价，需要三个氯离子和它匹配。这就是化合价所体现的元素之间的交换比值关系。正如，covalent（共价键）由co-和valent构成，前者有“共同”之义，后者即表示“价的/化学价的”。

汉语和英语音义巧合

不同语言之间的妙趣

穿传转换

electron transition(电子跃迁)、transition element(过渡元素)、trans-2-Butene(反式-2-丁烯),都有一个共同的成分trans-,但分别翻译为跃迁、过渡、反式,看起来差异很大,其实本质是一样的。

无论是发音还是含义,trans-词根可以很好地对应汉字“穿、传、转、换”,都有uan的音节,如transfer(转让)、transport(传送)、transform(变换)、transparent(透明的)。

字母T源于十字或丁字形符号,从象形的角度来看,具有交叉、穿越、转换、交通等含义,如triffic(交通)、travel(旅行)、traverse(横贯)、treason(叛逆)、transit(运输)、transmit(传递)、transfuse(输血)、transparent(透明的)、transaction(交易)、transducer(换能器)、transfer(转移)、transport(运输)等。

形状模型

amorphous(非晶),其实就是无定形的意思。字母m开头的许多单词均与外形、形状有关,和汉字“模”的读音和含义均对应得很好,如mode(模式/方式)、model(模型/模特/模范)、modify(使变形/修饰)、mould

（模型/模具）、morph（变形/变种）、morphology（形貌/形态学）、polymorphous（多形性）。

汉代文学家刘向在《说苑·敬慎篇》中记载，“孔子之周，观于太庙。右陛之前，有金人焉。三缄其口，而名其背曰：古之慎言人也，戒之哉！戒之哉！无多言，多言多败”，说的是孔子到周朝太庙，看到一个三缄其口的铜人，背上写有铭文“古之慎言人也，戒之哉！戒之哉！无多言，多言多败”，这段铭文被称为《金人铭》或《黄帝铭》。唐代段成式的《酉阳杂俎》中有“谷城城门有石人，肚子上刻着：‘摩兜鞬，摩兜鞬，慎莫言’”，元末明初宋濂的《磨兜坚箴》中有“磨兜坚，慎勿言。口为祸门，昔人之云，磨兜坚。人各有心，山高海深，磨兜坚。高不知极，深不可测，磨兜坚。言出诸口，祸随其后，磨兜坚。钟鼓之声，因叩而鸣，磨兜坚。不叩而鸣，必骇众听，磨兜坚。唯口之则，守之以默，是日玄德，磨兜坚。磨兜坚，慎勿言”，笔者以为，磨兜/摩兜者，model也，表示石像翁仲。“坚”表示像石像一样坚固、稳重、不发一言；“缄”表示闭口不言；“箴”表示劝诫铭文。“磨兜坚”说的是石人像不说话，古人告诫成大事者需寡言。至于汉语“磨兜”和英语“model”如何产生关联倒是无考，但自古以来，中国与异域的交流颇为频繁，也许借助其他语言分别进入汉语和英语。

后记

2012年,我第一次承担面向全校的“化学史”课程。我很快就意识到,很少有学生会对这门课感兴趣。化学专业的学生觉得“化学史”是一门可有可无的课程,只是讲讲化学历史上的名人轶事,对自己的专业培养没有什么意义。非化学专业的学生更是觉得这应该是化学专业的课程,和自己的专业没有关系。另外,在承担面向全校的“普通化学”课程时,我也注意到,非化学专业的学生常常对化学课程不感兴趣。他们认为化学和自己的专业无关,化学是有害的,化学是枯燥的……

我意识到,应该有一门课,让学生了解化学在人类文明发展过程中的重要作用,让学生了解化学中的文化现象以及化学对文化的影响,让学生了解化学和各个学科特别是和自己学科之间的关联性,让理工科学生具有基本的人文素养,让文科学生具备基本的科学素养,培养学生

在上海理工大学开设综合素养课程“人类文明与化学”

的全学科思维和全球化视野,让所有学生都能感受到学习化学、学习科学、学习知识、学习智慧的快乐,让所有学生的知识收获转化为品德塑造、职业伦理和家国情怀。于是,我将“化学史”课程更名为“人类文明与化学”,对授课内容做了极大的丰富和提升。

尽管如此,课程开设初期仍是举步维艰。时任教务处处长的朱坚民老师、理学院教务秘书张鲁朝老师给了我极大的支持和帮助。经过多年的建设与完善,“人类文明与化学”课程形成了完整的特色教学内容,带领学生从中国到美索不达米亚、古埃及、古印度、古希腊和欧美,从远古到未来,从生活到思想,畅游化学智慧之旅。内容包括人类文明发展与化学、现代化学进展、化学之美、学术伦理与职业道德以及科学精神与创新思维。特别讲述中国传统文化与哲学思想、中国古代化学思想与实践、沪江大学化学史、中国现当代化学成就与进展等内容。使学生了解人类文明发展过程中化学所起的作用,以及在此过程中化学自身的形成与发展,激发学生对化学、中国传统文化以及相关知识的学习兴趣,培养学生学科交叉融合以及科学人文互通的思想意识,引导学生建立全球化视野、全学科意识和创新思维能力。融合课程思政教育,培养学生的科学精神和工匠精神、学术规范和职业道德、品德塑造、家国情怀及文化自信。

经过多年的建设,课程得到了学生的认可与欢迎。最近这些年,每

在中国科协举办的“文明的烛火——中国古代科学文化探源”论坛上,做题为“中国古代化学智慧与实践”的讲座

学期开设两个班，每个班级人数多达150人，基本上场场爆满。看到很多同学受益于本课程，倍感欣慰！

还是在2012年，我同时开设了一门“化学专业英语”课程。考虑到专业英语最大的难点就是词汇，本课程的内容主要围绕词汇学习来进行。但与所有的专业英语课程不同的是，我给大家讲授英语在世界语言体系中的位置，英语和其他语言之间的关系，英语和汉语之间的关系，语言和人类文明的关系，化学词汇的语言特色及其背后的文化内涵，英语专业词汇的溯源与比较，英语和汉语背后的思维模式及文化背景比较。专业英语词汇的学习变得十分有趣，课程深受学生欢迎。

为了更好地丰富、完善课程教学内容，我深入学习、研究自然哲学与科学思想、化学史、中国化学史、沪江大学化学史、汉语和英语文字词汇比较等内容，先后出版《巧妙学单词》《化学专业英语》《沪江大学化学史》等著作，并发表相关论文若干。在人类文明、化学词汇、语言比较等方面的课程教学与研究心得形成了本书的主要内容。

行笔至此，回望初心！此时此刻，恰如彼时彼刻！顿生恍惚之心，我是结合化学讲文化，还是结合文化讲化学？正如庄周梦蝶，“不知周之梦为蝴蝶欤？蝴蝶之梦为周欤”？

随思随笔，天马行空，不拘一格以就此文，期望给化学、科学、语言、文化的学习者和爱好者以启发与思考，期望大家有所收获。

最后，感谢学校、学院以及各位同事和好友对我在科学、人文、科普、科创等方面工作的支持。感谢父母对我年少时冥顽不化的宽容，感谢夫人的陪伴以及每日为我端来的咖啡！感谢孩子对我思想、灵感的激发！

是为记！

缪煜清

2023年3月28日

附录

变化之学(化学之歌)

缪煜清

是舌尖上味蕾的跳动,是裙摆间色彩的旋转。
是炉鼎中五味的调和,是釜器内元素的盛宴。
是原子的聚和散,是价健的断与连,
是远古魔法的变幻,是当今科学的惊艳!

漫步核外云端,电子忽隐忽现,
正与负彼此相依,接触、相连、碰撞、交换,
亲与疏相互错肩,排斥、试探、纠结、流连。
原子相聚,分子组装,显微胶体,纳米成像,
芥子尽纳须弥,毫端可览万千!
一花一叶一世界,一个纳米一乾坤!

在纯水中溶解弥漫,在旋转中沉淀、沉淀,
在烈火里融化淬炼,在翻滚中变幻、变幻,

是化合、是变化、是化生、是转化，
是品物的流形，是万物的生发。

以电赋能、以光催化、以磁显影、以声激发，
是物质、是能量、是信息，
是事物的真相，是科技的力量！

从粗糙中提取精华，从微观中感悟智慧，
从无序中组织有序，从整体中通达系统，
从自然中启发灵感，成万物以造福苍生。
这是格物的精髓，这是化学的真谛！

扫码听歌
《化学之歌》

作词：缪煜清
作曲：刘　灏
演唱：郁富鑫

参考文献

埃利·巴尔纳.2007.世界犹太人历史.刘精忠译.北京:中国人民大学出版社.

海伦·斯特拉德威克编.2008.古埃及.刘雪婷等译.上海:上海科学技术文献出版社.

维特鲁威.2012.建筑十书.罗兰英,陈平中译.北京:北京大学出版社.

唐登钢.2008.图解炼金术.西安:陕西师范大学出版社.

赵元任摄.赵新那,黄家林整理.2022.好玩儿的大师.北京:商务印书馆.

王德胜.1992.科学符号学.沈阳:辽宁大学出版社.

赵毅衡.2011.符号学.原理与推演.南京:南京大学出版社.

赵星植.2017.皮尔斯与传播符号学.成都:四川大学出版社.

张一览.2014.化学符号中的科学思维——以文化符号学的视角.化学教与学,第7期:27—29.

关增建,马芳.1996.中国古代科学技术史纲——理化卷.沈阳:辽宁教育出版社.

韩雪主编.2013.世界医学历程——走出死神魔咒.合肥:安徽美术出版社.

Ingo W. D. Hackh. 1998. The Evolution of Chemical Symbols. *The Journal of the American Pharmaceutical Association*, 7: 1038—1042.

J. Hampton Hoch. 1934. Alchemical Symbols. *The Journal of the American Pharmaceutical Association*, 23: 431—437.

Tenney L. 1935. Davis, Primitive Science, the Background of Early Chemistry and Alchemy. *Journal of Chemical Education*, 12: 3—10.

Jaroslav Šesták. 2005. *Science of Heat and Thermophysical Studies: A Generalized Approach to Thermal Analysis*. Elsevier Science Press.

Bruce T. Moran. 2000. Alchemy, Chemistry and the History of Science. *Studies in History and Philosophy of Science Part A*, 31(4): 711—720.

F. Habashi. 2005. Gold: An Historical Introduction. *Developments in Mineral Processing*, 15: xxv—xlvii.

D. H. Rouvray. 1977. The Changing Rôle of the Symbol in the Evolution of Chemical Notation. *Endeavour*, 1: 23—31.

Smith, E. T. 1924. Some Early Chemical Symbols. *Industrial & Engineering Chemistry*, 4: 406—408.

R. Winderlich. 1953. History of the Chemical Sign Language. *Journal of Chemical Education*, 30(2): 58—62.

D. R. Oldroyd. 1973. Some Early Usages of Chemical Terms. *Journal of Chemical Education*, 50(7): 450.

Luigi Fabbrizzi. 2008. Communicating about Matter with Symbols: Evolving from Alchemy to Chemistry. *Journal of Chemical Education*, 11: 1501—1511.

Frifjof Capra. 1975. *The Tao of Physics*. Shambhala Publications Inc Press.

图书在版编目(CIP)数据

化学的文化密码/缪煜清著.—上海:上海科技教育出版社,2023.12

(哲人石.科学四方书系)

ISBN 978-7-5428-8041-3

Ⅰ.①化… Ⅱ.①缪… Ⅲ.①化学-普及读物 Ⅳ.①O6-49

中国国家版本馆CIP数据核字(2023)第232723号

图书策划 王世平 匡志强
责任编辑 王 洋
封面设计 木 春

HUAXUE DE WENHUA MIMA
化学的文化密码
缪煜清 著

出版发行 上海科技教育出版社有限公司
(上海市闵行区号景路159弄A座8楼 邮政编码201101)
网 址 www.sste.com www.ewen.co
经 销 各地新华书店
印 刷 常熟市文化印刷有限公司
开 本 720×1000 1/16
印 张 13
插 页 1
版 次 2023年12月第1版
印 次 2023年12月第1次印刷
书 号 ISBN 978-7-5428-8041-3/N·1201
定 价 58.00元

南方/火/丹砂

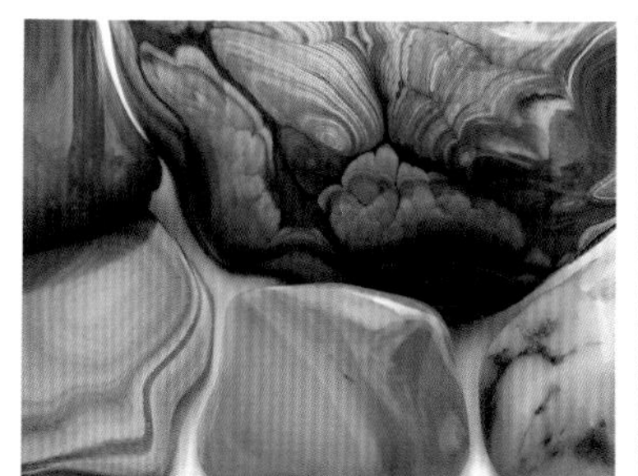

东方/木/曾青

中央/土/雄黄

西方/金/白礜

北方/水/磁石

彩图1　五石镇墓瓶中的矿石

彩图2　大自然的秋香色

彩图3　具有绿、蓝及其中间色的典型含铜矿石或青铜锈